Digitalisierung und Freiheit

JAHRBUCH DER KARL-HEIM-GESELLSCHAFT
31. JAHRGANG 2018

Ulrich Beuttler / Markus Mühling /
Martin Rothgangel (Hrsg.)

Digitalisierung und Freiheit

Mediale Lebenswelten und reformatorische Erkenntnis
im Diskurs

PETER LANG

Bibliografische Information der Deutschen Nationalbibliothek
Die Deutsche Nationalbibliothek verzeichnet diese Publikation
in der Deutschen Nationalbibliografie; detaillierte bibliografische
Daten sind im Internet über http://dnb.d-nb.de abrufbar.

ISSN 2367-2110
ISBN 978-3-631-77413-7 (Print)
E-ISBN 978-3-631-77414-4 (E-PDF)
E-ISBN 978-3-631-77415-1 (EPUB)
E-ISBN 978-3-631-77416-8 (MOBI)
DOI 10.3726/b14909

© Peter Lang GmbH
Internationaler Verlag der Wissenschaften
Berlin 2018
Alle Rechte vorbehalten.

Peter Lang – Berlin · Bern · Bruxelles ·
New York · Oxford · Warszawa · Wien

Diese Publikation wurde begutachtet.

www.peterlang.com

Contents

Ulrich Beuttler

Einleitung: Digitalisierung und Freiheit

Die Digitalisierung stellt eine gewaltige technische und kulturelle Revolution dar, der sich kaum jemand entziehen kann. In wenigen Jahrzehnten erfolgte in allen Teilen der Welt ein fast überall möglicher Zugang zum Internet und zu neuen Medien und Geräten. Nur die Älteren werden sich noch an die ersten Homecomputer seit den 1980er Jahren erinnern und an den erstmalig möglichen Zugang zu Internet und e-mail in den späten neunziger Jahren. Obwohl in nur 20 Jahren erfolgt, und also den Aufstieg der Medien des 20. Jh. wie Radio und Fernsehen um ein Vielfaches des Zeitentwicklungstempos überholend, erscheint es den Heutigen so, dass Digitalisierung, Internet und neue Medien wie Smartphone, Laptop und Tablett schon immer verfügbar gewesen wären.

Digitalisierung und neue Medien nötigen zur Auseinandersetzung, da sie eben nicht nur die technischen und medialen Möglichkeiten betreffen, sondern das kulturelle Selbstverständnis überhaupt. Medien waren zwar schon immer ein Thema der Kultur- und Sozialwissenschaften, aber sie sind es heute in hervorgehobenem Maße. Bedenken wir nur den Satz und Buchtitel des IT-Entwicklers und -Reflektors Jaron Lanier „Du bist nicht der Kunde der Internetkonzerne, du bist ihr Produkt", bedenken wir nur, dass der Literaturwissenschaftler Roberto Simanowski, Professor für Digitale Medien, die ganze Gesellschaft als „Facebook-Gesellschaft" beschreibt und charakterisiert, und bedenken wir, dass der Kultursoziologe Andreas Reckwitz in seiner „Gesellschaft der Singularitäten" von der Digitalisierung als dem Aufstieg einer Kulturmaschine hin zur kombinierten Singularisierung spricht, dann wird deutlich, dass es nicht um die Anwendung und Nutzung neuer Medien, sondern um ein neues kulturelles und existentielles Selbstverständnis, um ein neues Sein des Menschen geht.

Kontrastieren wir dann das Heute mit dem Aufstieg der Medien, der mit dem Buchdruck und der Verbreitung von Kulturgütern im 16. Jh. begann und als 500. Reformationsjubiläum 2017 gefeiert wurde, dann wird deutlich, dass eine Auseinandersetzung ansteht. Die neuen Medien wie Buchdruck und Flugblätter, Bibelübersetzung und Volksschriften beförderten die freiheitlichen Gedanken der Reformationszeit vor 500 Jahren, und die heutige Digitalisierung verspricht grenzenlose Freiheit. Oder schränkt sie die errungene Freiheit geradewegs wieder ein? Wie verhalten sich das Versprechen und der Preis der Digitalisierung zueinander? Und was bedeutet die digitalisierte Welt für unser Bild vom Menschen?

Das vorliegende Jahrbuch der Karl-Heim-Gesellschaft, nunmehr im 31. Jahrgang erscheinend, widmet sich diesem hochaktuellen Thema im Schnittfeld technischer und kultureller Revolution. Es dokumentiert unter anderem eine Tagung und eine Vortragsreihe, die vom Verfasser dieser Einleitung organisiert wurden, darunter die Jahrestagung der Karl-Heim-Gesellschaft 2017 zum Thema „Der digitalisierte Mensch, die mediale Welt und die reformatorische Freiheit". Der Focus ist hier nicht die technische und pragmatische oder politische Seite der Digitalisierung, die von allen Seiten der politisch Verantwortlichen im flächendeckenden Ausbau des schnellen Internets propagiert und vollzogen wird.

Der Focus liegt auf der sozialwissenschaftlichen, ethischen und theologischen Reflexion, was in diesem Prozess geschieht, jeweils bezogen auf Sache und Begriff der Freiheit. So kommen quasi ein reformatorisch-theologischer Zentralbegriff und ein aktuelles Phänomen in einen Diskurs. Es wird deutlich, was jedem hermeneutisch wachen Beobachter immer schon klar war. Es sind nicht nur Sachen, um die es hier geht, es geht zwingend auch um Deutungen, Einschätzungen, Bewertungen, eben weil es um nicht weniger als das menschliche und christliche Selbstverständnis in einer sich kulturell rasant wandelnden medialen Welt geht. Es ist deshalb richtig und wichtig, dass die Karl-Heim-Gesellschaft, der es, wie der Gründungstitel sagt, um die „Förderung einer christlichen Orientierung in der wissenschaftlich-technischen Welt" geht, nun den kultur- und sozialwissenschaftlichen sowie theologisch-hermeneutischen Blick anlegt, im Focus von „Digitalisierung und Freiheit".

Der einführende Beitrag von Johanna Haberer, Professorin für Christliche Publizistik an der Universität Erlangen-Nürnberg, betrachtet das Phänomen der Digitalisierung unter dem Erleben von „Macht und Ohnmacht", also unter der Frage, wie der Einzelne mit diesen neuen, technischen Optionen zu kommunizieren, zurechtkommt und umgeht, und wie sich das Leben des Einzelnen und der Gruppe durch die neuen Informations- und Kommunikationstechnologien verändert. Es wird eine Differenz und Ambivalenz zwischen der „Verheißung" und dem „Vermögen" der Digitalisierung deutlich, die unter den Stichworten „Beschleunigung", „Entgrenzung", „Anonymität", aber auch „Übergriffigkeit", „Destabilisierung", „Überwachung" thematisiert wird.

Der Vortrag von Ulrich Beuttler zum Reformationsjubiläum 2017 thematisiert Potential und Realisierung der reformatorischen Grunderkenntnis unter dem Begriff „Freiheit". Freiheit war nicht nur zentrales Thema und Anliegen der Reformation. Der Beitrag zeigt, dass Luthers Begriff der Freiheit primär religiös-theologisch geprägt war und erst indirekt, über Aufklärung und Neuprotestantismus, auch kirchen- und gesellschaftspolitisch wirksam wurde.

Der Beitrag von Christian Herrmann, Bibliothekswissenschaftler an der Württembergischen Landesbibliothek Stuttgart und Leiter der Abteilung Historische Sammlungen und der Sammlung Alte und Wertvolle Drucke sowie der Bibelsammlung, entfaltet die kulturelle Bedeutung und fundamentale Innovationswirkung der Erfindung Gutenbergs. Der Buchdruck veränderte nicht nur die Praxis und Verfügbarkeit von Büchern, namentlich der Bibel, sondern auch deren Selbstverständnis und Zielgruppe. An konkreten Beispielen und Zahlenerhebungen des Buchdrucks in Straßburg, Basel und Tübingen wird auch deutlich, wie die Reformation mit Luthers Bibelübersetzung den Buchdruck und das Buchverständnis nachhaltig beeinflusste.

Die Soziologin Elke Hemminger, Professorin für Soziologie an der Kirchlichen Hochschule Bochum, nähert sich dem Phänomen der digitalen Medien mit dem doppelten Blick der Soziologin, d.h. sowohl der empirischen Sozialwissenschaften wie der reflexiven soziologischen Theorie. Nach einer Klärung des Begriffes der „Mediatisierung" werden empirische Studien über das Medienverhalten von Jugendlichen und Erwachsenen vorgestellt und interpretiert. Daran wird das enorme Potential des Einflusses auf die Meinungsbildung einzelner Nutzer, aber auch gesellschaftlicher Gruppierungen durch die digitalen Medien deutlich. In Bezug auf die Nutzung von Online-Spielen wird die Rolle von „virtuellen Welten" genau untersucht. Daran anschließend reflektiert Frau Hemminger das in Digitalisierung und digitalen Medien implizierte Verständnis von Realität. Sie nimmt u.a. kritisch auf die soziologischen Thesen Baudrillards zum Verschwinden von Realität durch Virtualität Bezug. Sie resümiert, dass wir uns zwar in einer Krise kultureller Orientierung befinden, deren Teil auch digitale Lebenswelten sind, dass wir jedoch mit dem Pluralismus symbolischer Wirklichkeiten werden umgehen lernen müssen.

Der Theologe und Publizist Werner Thiede richtet einen kritischen Blick auf das Phänomen Digitalisierung. Für ihn stellt sich die Digitalisierung unserer Kultur immer mehr als Dataismus dar. Die Endung –ismus zeigt an, dass es sich letztlich um eine Ideologie handele, die der digitalen Revolution zu Grunde liege und eine Technokratie anstrebe. Humanistische Orientierung solle einer posthumanistischen weichen. Damit sei das traditionelle Festhalten an der Menschenwürde als Leitwert gefährdet. Christliche Theologie und Kirche sollten diese Entwicklung kritischer als bisher in den Blick nehmen und sich von der emporwachsenden „Ersatzreligion" deutlich absetzen. So das kulturkritische Plädoyer Thiedes.

Die Herausgeber des Jahrbuches der Karl-Heim-Gesellschaft danken allen Autoren für ihre Beiträge. Wir hoffen, dass auch mit diesem Jahrbuch die konstruktive und kritische Diskussion gefördert wird. Die Literaturverzeichnisse der einzelnen Beiträge erlauben eine umfassende Orientierung durch die umfangreiche und neueste Literatur.

Wir danken ebenso allen Mitarbeitern und Freunden der Karl-Heim-Gesellschaft für ihre Arbeit und Unterstützung im vergangenen Jahr. Seien Sie der KHG weiterhin gewogen und unterstützen Sie dieses Jahrbuch und die Arbeit der Gesellschaft durch Teilnahme, durch Diskussion und auch finanziell. Vielen Dank dafür.

Für die Herausgeber: Ulrich Beuttler   *im August 2018*

Johanna Haberer

Macht und Ohnmacht in der digitalen Gesellschaft. Digitalisierung zwischen „gut" und „böse"

Abstract: This essay considers the phenomenon of digitalisation by looking at the question of how the individual copes with and uses the new technical possibilities for communication, and how the lives of individuals and groups have been changed through new information and communication technologies. The difference and ambivalence between the 'promise' and the 'capability' of digitalisation will become clear, and will be developed under the headings 'acceleration', 'boundary dissolution', and 'anonymity', but also 'encroachment', 'destabilisation', and 'surveillance'.

1. Einleitung

Der Facebook Mitbegründer Sean Parker sagte Ende des Jahres 2017 auf einer Veranstaltung der Webseite Axios über sein ehemaliges Unternehmen: Er könne die Social-Media-Nutzung mittlerweile nicht mehr mit seinem Gewissen vereinbaren. Bei Facebook sei die Überlegung immer gewesen, wie es die Menschen dazu bringen könne, der Seite möglichst viel ihrer Zeit und Aufmerksamkeit zu widmen:

> „Das heißt, wir müssen den Menschen ab und zu einen kleinen Dopaminschub geben, das passiert, wenn jemand Sachen von dir liked oder ein Foto kommentiert. Es ist ein Feedback Loop, der auf dem Drang der Menschen nach sozialer Bestätigung basiert. (…) Wir haben eine Schwachstelle in der Psychologie der Menschen ausgenutzt. Die Erfinder, also ich und Mark (Zuckerberg) und Kevin Systrom (Instagram) wussten das. Und wir haben es trotzdem gemacht."[1]

Damals – so sagt er weiter – sei allerdings noch nicht absehbar gewesen, wie groß der Einfluss eines Netzwerks von zwei Milliarden Menschen auf die Gesellschaft sein würde. Parker geht davon aus, dass Facebook inzwischen die Beziehungen zwischen Gesellschaft und den Menschen und den Menschen untereinander beeinflusst. Und zwar zum Negativen.

---

1 Max Muth, Mitbegründer Sean Parker schießt gegen Facebook, 2017: https://www.br.de/nachrichten/facebook-gruender-schiesst-gegen-facebook-100.html (letzter Zugriff: 08.01.2018).

Digitalisierung „zwischen" Gut und Böse ist mein Thema und die Frage, wie
der Einzelne mit diesen entwicklungsgeschichtlich neuen, technischen Optionen
zu kommunizieren und damit Macht und Ohnmacht zu erleben, zurechtkommt
und umgeht, wie sich das Leben des Einzelnen und der Gruppe durch die neuen
Informations- und Kommunikationstechnologien verändert.

Vielleicht ist dieses „Zwischen" ein angemessener Begriff, um die Ambivalenzen der neuen Technologien zu beschreiben.

Digitale Medien oder besser Informations- und Kommunikationstechnologien (IKT) verbinden Menschen zwischen allen Kontinenten, schrumpfen die
Zwischenräume – global und personal. Sie verändern unseren Alltag allmählich,
durchdringen unser Alltagsleben unser gesamtes Informations- und Kommunikationsverhalten. Sie sind unwiderstehlich, weil sie unglaublich wirkmächtig sind
in ihrer Anwendung. Sie machen abhängig durch diese unabweisbare Geschwindigkeit und Effektivität. Es gelingt uns durch sie blitzschnell an Informationen
zu kommen, für die wir früher Tage, Wochen und Monate brauchten. Unser
Informations- und Wissensmanagement hat sich total verändert: das Denken,
das vormals in die Tiefe ging, bleibt an der Oberfläche und geht sozusagen in
die Breite. Der Wissenschaftsjournalist Jonathan Carr vergleicht sein Denken im
Selbstversuch früher mit einem Tiefseetaucher, der an einer Stelle in die Tiefe
geht, während er heute eher wie ein Surfer denke, der über die Oberfläche fliegt
und große Strecken zurücklegt.

Die neuen Technologien haben auch neue Machtzentren hervorgebracht, die
nicht nur unsere Daten sammeln und uns bestimmten Konsumententypen zuordnen, sondern die inzwischen auch in der Lage sind, uns zu manipulieren, unsere
politischen Systeme zu unterwandern und maßgeblich die Meinungsbildungs-
prozesse zu beeinflussen – so argwöhnen zumindest Fachleute und die kritischen
Teile der Bevölkerung.

Die Entwicklungen der digitalen Gesellschaft zu analysieren, ist eine der größ-
ten Herausforderungen der Gegenwart, da sind sich die Zeitanalytiker einig. Eine
solche Untersuchung bewegt sich zwischen zwei Polen: einerseits der Beobach-
tung, dass die meisten Phänomene, die die digitale Welt vorantreibt – z.B. Globalisierung, Partizipation oder Individualisierung – altbekannt und auch solche der
analogen sind und andererseits der Einsicht, dass all diese Phänomene unter den
aktuellen informationstechnologischen Bedingungen eine neue Qualität erhalten.

Deshalb ist eine gewisse Ratlosigkeit festzustellen, mit der die Geistes- und
Sozialwissenschaften der hybriden Entwicklung des digitalen Wandels begegnen.
In seinem, posthum erschienen Werk stellt der Soziologe Ulrich Beck beispielswei-
se die These auf, weder „Wandel" noch „Veränderung" seien die rechten Begriffe,

um die sich gegenwärtig vollziehenden Prozesse zu benennen: Er spricht sich für den Terminus „Metamorphose" aus[2]. Aus der Analyse der Beschleunigungsgesellschaft entwickelt weiterhin Hartmut Rosa sein Konzept der „Resonanz"[3]. Und der Jerusalemer Historiker Yuval Noah Harari spricht gar von einer neuen Religion, nämlich: der „Datenreligion"[4]. Der Technikphilosoph Luciano Floridi schlägt vor, die Transformation der Kommunikation, der Gesellschaften und der Personen in (anthropologische) Termini zu fassen, wie „Raum", „Zeit" oder „Identität"[5].

2. Beschleunigung, Ambivalenz, Intention – Analogien zwischen Reformation und Digitalisierung

Dabei bemüht der Diskurs eine Reihe von Analogien, die die Diskussion um die Auswirkungen der aktuellen informationstechnologischen Innovationen bereichern.

Der theologische und kulturgeschichtliche Diskurs versteht den Kommunikationswandel während der Reformation als Medienphänomen und begründet diese Perspektive mit der bedeutenden Rolle des Buchdrucks, der diese aus kommunikationsstrategischer Sicht entscheidend vorangetrieben habe[6]. Relevant wird diese Analogie zwischen der Reformation als Medienphänomen und der Digitalisierung durch ihren Blick auf intendierte wie nicht intendierte Folgen für politische und gesellschaftliche Folgen der Reformation[7].

Der Wissenschaftsjournalist und Buchautor Nicholas Carr vergleicht den gesellschaftlichen Wandel durch die Digitalisierung mit der Erfindung der Elektrizität. Diese neue, im wahrsten Sinn des Wortes erhellende Technologie habe Gesellschaften an den unterschiedlichsten Stellen absolut verwandelt. Grundlegend neu organisierten sich beispielsweise wirtschaftliche Produktionsprozesse: Spät-, Nacht- und 24-Stunden-Schichten etablierten sich. Aktivitäten ließen sich nun unabhängig von der Tageszeit planen. Das Zusammenleben der Menschen,

---

2 Vgl. Ulrich Beck, Die Metamorphose der Welt, Frankfurt a.M. 2016.
3 Vgl. Harmut Rosa, Resonanz, Eine Soziologie der Weltbeziehung, Frankfurt a.M. 2018.
4 Vgl. Yuval Noah Harari, Homo Deus. Eine Geschichte von Morgen (Homo Deus. A Brief History of Tomorrow 2015), München 2018, 497–537.
5 Vgl. Luciano Floridi, Die 4. Revolution. Wie die Infosphäre unser Leben verändert (The 4. Revolution. How the Infospehre is Reshaping Human Reality, Oxford 2014), Frankfurt a.M. 2015.
6 Vgl. Berndt Hamm, Die Reformation als Medienereignis, in: Glaube und Öffentlichkeit. Jahrbuch für biblische Theologie 11 (1996), 137–166.
7 Vgl. Johanna Haberer, Digitale Theologie. Gott und die Medienrevolution der Gegenwart, München 2015, 35–76.

die Rhythmen von Geselligkeit und Familienleben wandelten sich genauso wie das Verhältnis von Zeit und Raum durch neue Möglichkeiten der Mobilität, ganz abgesehen von der generellen Beschleunigung der individuellen Lebenserfahrung.[8]
Eine weitere Analogie ist durch eine ambivalente Haltung zur Digitalisierung charakterisiert. Harald Welzer vergleicht sie mit der Erfindung der Atomkraft:[9] Wie digitale Technologien sei Atomenergie global verbreitet und weise – als sogenannte „saubere" Energie – viele Vorteile auf. Unbedacht bleiben würde dabei deren verheerendes Destruktionspotenzial und deren Spätfolgen, die oft nicht differenziert genug durchdacht würden, wie es auch bei der Digitalisierung der Fall sei. Diese Ambivalenz beschreibt schon Jaron Lanier in seiner Aufsatzsammlung *„Wenn Träume erwachsen werden. Ein Blick auf das digitale Zeitalter".* Er macht sich sozusagen betend klar, welche globale Aufgabe in den Chancen und Risiken der neuen Technologie liegen:

> „Anfang des Jahres 1994 wachte ich eines Morgens um vier Uhr auf und schrieb die erste Fassung dieses Textes in Form eines Gebets. Die Seehunde in Sausalito bellten aufgeregt und dann gab es ein Erdbeben. Ich betete um ein zukünftiges Netzwerk, das demokratisch, schön und spirituell war. Normalerweise käme mir das Wort ‚beten' im Zusammenhang von Informationstechnologie nie in den Sinn, aber ich weiß einfach nicht, was man angesichts einer derart bedeutenden Aufgabe, die so viel wundervolles Potential birgt, anderes tun soll. Diese Aufgabe ist unvermeidbar und gleichzeitig etwas, das viele nachfolgende Generationen nicht mehr ungeschehen machen können, wenn wir es falsch machen."[10]

Langsam ahnt auch die_der „normale Bürger_in", dass diese Technologie Kriege ebenso verändern wird, wie Spionage, Kriminalistik und alle Bereiche der Arbeitswelt, die Forschung und den häuslichen Alltag. Langsam entfaltet sich das Bewusstsein dafür, dass mit der wachsenden Abhängigkeit von dieser Technologie auch die Verletzlichkeit jedes Menschen, aller Unternehmen und Staaten ins Unermessliche steigt.[11] Langsam erkennt die_der User_in, wie sehr diese neue Technologie in ihrer Wirkung auf Partizipationsprozesse, die Wissens- und Informationsdistribution sowie die Weltwahrnehmung der_des Einzelnen verändert. Weiter wird Stück für

---

8   Vgl. Nicholas Carr, Der große Wandel (The Big Switch). Cloud Computing und die Vernetzung der Welt von Edison bis Google, Frechen 2009.

9   Harald Welzer, Die smarte Diktatur, Frankfurt a.M. 2017, 219f.

10 Jaron Lanier, Wenn Träume erwachsen werden. Ein Blick auf das digitale Zeitalter, Hamburg 2015, 213f.

11 Man kann darüber nachdenken, inwieweit damit auch das Setting dystopischer Romane wie The Circle von Dave Eggers, Mark Elsbergs Zero oder Blackout zunehmend plausibler erscheint.

Stück deutlich, dass ein weltumspannendes Teilen von Wissen, Meinung und Information in seiner Massenwirkung eklatante Manipulationspotentiale birgt.

3. Entgrenzung

Doch alle diese Annäherungen von sozialogischer, philosophischer, historischer oder theologischer Seite können den Wandel, die Metamorphose der Weltgesellschaft nicht umfassend erfassen. So scheinen auch die analysierenden Wissenschaften transdisziplinäre Ansätze zu benötigen.

Wie will man gesellschaftliche Transformationen wie sie die Digitalisierung mit sich bringt nur aus der Perspektive einer einzelnen Wissenschaft fassen?

Da wäre die Soziologie, die den Wandel der gesellschaftlichen Zugehörigkeiten, die Zuschreibungen und Einordnungen einzelner Personen durch Netzwerke und Suchanfragen analysieren muss: wie wirkt sich eine solche Entwicklung auf die Wohnorte aus, auf die Mieten, auf Schufa-Auskünfte u. ä. Werden wir in Gehaltsgruppierungen und Konsumtypen geordnet, was – und da ist die Psychologie gefragt, was macht das mit unserer Identität, mit der Offenheit der Entwicklung des Individuums, was macht das – so fragt die Theologie mit unserem Menschenbild, als einem Geschöpf Gottes, das frei ist: gottoffen und weltoffen, das verantwortlich ist für die eigenen Taten.

Was macht das Phänomen der Entgrenzung[12] in der virtuellen Welt mit den Selbstbeschränkungen, denen wir Menschen unterworfen sind und die jeder und jeder bewältigen muss: Die Grenzen des Körpers, die Leiblichkeit und deren Bedürfnisse, das Altern und das Schwachwerden und die Übermacht körperlicher Aufmerksamkeitsansprüche? Wie verhält sich die menschliche Leiblichkeit zu der Entgrenzung im globalen Netz, wo einer Macht spüren kann, weil er Menschen aufspürt, mit ihnen kommuniziert und sich in unendlichen Weite bewegt? Menschen können ihr „Ich" bis ins Unendliche erweitern oder dehnen, mit der Folge, dass ihre Begrenzungen so auch ihre unterschiedlichen Rollen in der Welt zusammenfließen. In der digitalen Welt ist es schwer dienstlich und privat, Arbeit und Familie zu trennen. Grenzen, die die Leibhaftigkeit vorgab, der Arbeitsplatz bzw. der Spielplatz spielen nun keine Rolle mehr. Wir sind für alle immer und in jeder Situation erreichbar, ortbar, ansprechbar.

Wird uns, das ist z.B. eine transdisziplinäre Frage, diese Technologie zu einer Entwertung des Körpers führen oder im Gegenteil, wird sie uns zu einer Bewegung der körperlichen und mentalen Selbstoptimierung führen. Immer neue

---

12 Vgl. Marshall McLuhan, Die magischen Kanäle. Understanding Media, Dresden/Basel 1964.

digitale Selbstüberwachungsmöglichkeiten können Schlafphasen und Kalorien, Schritte und Arbeitszeiten dokumentieren und dem Einzelnen so Ziele zur Selbstoptimierung anbieten. Im Augenblick beginnen auch schon die ersten Kunden einer Versicherung ihre Fitnessdaten – gegen einen kleinen Rabatt auf die Versicherungsprämie – anzubieten. Die Selbstoptimierung, die unter der persönlichen Navigation stand, mündet dann in einen Selbstoptimierungszwang durch interessierte Unternehmen, die sich perspektivisch umgekehrt dann vorbehalten im Krankheitsfalle Zahlungen zu abzulehnen, wenn die entsprechenden Daten nicht vorliegen.

Unser Umgang mit dieser neuen Technologie vollzieht sich also in einer Dialektik der Entgrenzung einerseits und der zunehmenden Kontrolle und Einschränkung von bürgerlichen Freiheiten andererseits.

4. Beschleunigung

Wie der Soziologe Hartmut Rosa festgestellt hat[13], unterliegt unser Leben derzeit einer rasanten Beschleunigung. Arbeitsvorgänge, Kommunikationsakte, gegenseitige Information: alles vollzieht sich in einer Geschwindigkeit, für die wir noch keine Einübung haben und die unsere alte Kommunikationswelt völlig auf den Kopf stellt. Die Folge ist, dass unser Kommunikationsverhalten reflexhaft wird: E-Mails oder SMS oder Whats-App-Nachrichten werden in Sekundenschnelle beantwortet. Der Akt des Nachdenkens oder Nachfragens, der in der zwischenmenschlichen Kommunikation oft zu Klärungen beiträgt, fällt in vielen Fällen weg.

Reflex statt Reflexion. Die Aktion tritt an die Stelle des Überlegens.

Eine solche unmittelbare Sofortkommunikation könnte erklären, warum es in den Netzwerken immer wieder zu Empörungswellen kommt, die zugleich dann Debatten vereinfachen und polarisieren und Menschen und Menschengruppen gegeneinander in Stellung bringen.[14]

Diese Schnell- und Kurzkommunikation verhindert Nachdenklichkeiten, Differenzierungen, komplexe Einordnungen und treibt uns in eine Kommunikationswelt der Simplifizierung, der einfachen Nachrichten, kurzfristigen Erklärungen und vorschnellen Deutungen.

---

13 Vgl. Hartmut Rosa, Beschleunigung. Die Veränderung der Zeitstrukturen in der Moderne, Frankfurt am Main 2005.
14 Vgl. Bernhard Pörksen / Jens Bergmann (Hg.), Skandal! Die Macht öffentlicher Empörung, Halem 2009.

5. Ubiquität

Diese Technologie ermöglicht uns auch eine Existenz, die in der Sprache der theologischen Dogmatik Gott allein vorbehalten ist: die Ubiquität, die Omnipräsenz oder Allgegenwart. Die Theologie in ihrer Lehre von Gottes Eigenschaften meint eine Existenz der Allgegenwärtigkeit, die Fähigkeit an unendlich vielen Orten gleichzeitig präsent zu sein.

Dieses Lehnwort aus der Theologie „Ubiquität" hat Eingang in die Welt der Computertechnologie (ubiqitous computing) gewonnen. Die Unterstützung unseres Zusammenlebens durch Computer nimmt insbesondere mit den tragbaren Geräten eine ubiquitäre Form an. Wir als Nutzer können an vielen Orten gleichzeitig präsent sein, zugleich aber – und das ist die andere Seite – erhalten die Computer eine Allgegenwart in allen unseren Lebensvollzügen, die uns je länger je mehr unsere Abhängigkeit bewusstmacht und spüren lässt.

6. Anonymität

Diese überwältigende Präsenz und Allgegenwart wird ergänzt durch die Möglichkeit, anonym präsent zu sein. Da gibt es Personen oder Institutionen, die unter falschem Namen posten, kommentieren, teilen und die versuchen, ohne Gesicht zu zeigen, Andersdenkende in eine Minderheitenposition zu treiben, zu diffamieren, zu verführen oder ins Abseits zu drängen.

Es gibt auch die andere Seite natürlich, wie immer: Es kann auch Spaß machen sich in unterschiedliche Figuren zu begeben und als diese zu kommunizieren, eine Art virtuelles Verkleidungsspiel, Rollenspiele, um sich zu erproben und festgelegten, bisweilen festgezurrten Identitäten zu entkommen.

Menschliche Kommunikation basiert auf millionenfach variierten Zeichen und Signalen. In der virtuellen Welt sind diese vereinfacht und kategorisiert – durch Emojis, die die Gesten und Gesichtszüge repräsentieren, die Freude, die Verachtung, die Wut die Angst oder die Begeisterung. Dennoch birgt die analoge und personale, die körperliche und räumliche Kommunikation andere Resonanzen, die verpflichtender und verbindlicher sind als die, mit denen man sich in der virtuellen Kommunikation ausdrückt oder in Szene setzt.

Den anderen Menschen erkennen und ihn achten und lieben, ihn „riechen können" und spüren gibt unserer Kommunikation eine andere Tiefe und Nachhaltigkeit, ist immer noch, aber wohl weniger anfällig für Projektionen und Täuschungen im persönlichen Miteinander.

Und im politischen Diskurs einer Demokratie sind Klarnamen m.E. unverzichtbar, denn der Beitrag des Einzelnen zum Gespräch der Gesellschaft muss rückverfolgbar sein auf dessen Rolle in der Gesellschaft und dessen analoges Wirken.

7. Übergriffigkeit

Die virtuelle Welt gibt auch Raum für das völlige Vermischen von Privatem und Öffentlichem. Es ist eine Errungenschaft der aufgeklärten Neuzeit, dass Menschen ihre persönlichen und intimen Sphären trennen können von den halbprivaten, dienstlichen oder ganz öffentlichen. Nach neuzeitlicher Erkenntnis bedarf es dieser privaten Schutzräume als Orte des Aushandelns und der Meinungsbildung, bevor sich einer oder eine öffentlich am Gespräch beteiligt. Ein informiertes öffentliches Gespräch[15] bedarf also der privaten Räume als Voraussetzung für demokratische Prozesse.

Das bedarf im virtuellen Raum einer nachhaltigen Einübung. Wer ist „Freund"? Wer gehört in die Kategorie „Bekannter" und wer könnte welches Interesse haben, die Räume zu durchbrechen. Wenn beispielsweise intime Fotos durch einen Tastenklick einer großen Öffentlichkeit bekannt gemacht werden können, gefährdet das eine wirklich vertrauensvolle intime Kommunikation im Netz. Die missbräuchliche Verwendung von Bildern oder vertraulichen Informationen, die von abgelegten Liebhabern oder ehemals vertrauten Freunden öffentlich gemacht werden können, hat schon Biographien nachhaltig beschädigt oder gar zerstört.

Es bedarf einer neuen wohlbedachten Kultur der Intimität und Privatheit im Netz, die beschützt einerseits und Übergriffe nachhaltig bestraft.

Und es bedarf einer neuen politischen Kultur des demokratischen Diskurses im Netz, der die Beteiligten in ein informiertes, sachliches und argumentatives Gespräch führt.

8. Destruktion und Destabilisierung durch Desinformation

In den vergangenen Jahren ist – besonders im politischen Feld – auch die Möglichkeit zur strategischen Destruktion ins Bewusstsein der öffentlichen Debatte getreten. Social Bots, als Meinungsverstärker, aus dem Kontext gerissene Zitate oder aus unterschiedlichen Kontexten komponierte Fotos können Sachverhalte verzerren und interessierten Gruppen oder Parteien die Demontage Andersdenkender leichtmachen. Die sozialen Netzwerke dulden unter dem scheinliberalen Argument der „Meinungsfreiheit" das Aufkommen destruktiver Kräfte, denen an

---

15 Vgl. Jürgen Habermas, Strukturwandel der Öffentlichkeit. Untersuchungen zu einer Kategorie der bürgerlichen Gesellschaft, Neuauflage Frankfurt a.M. 1990.

einer Destruktion der gesellschaftlichen Verhältnisse gelegen ist und die mit stra-
tegisch geplanten Lügen die demokratische Informationskultur zerstören wollen.
Dem kann nur durch das stärken glaubwürdiger Informationsquellen und profes-
sioneller journalistischer Arbeit widerstanden werden. Wie mit Gerüchten und
falschen Anschuldigungen im persönlichen Bereich der virtuellen Kommunikation umzugehen ist, dafür bedarf es – neben eine gesetzlichen Neujustierung – der
Erziehung zum kompetenten Umgang mit diesen neuen Kommunikationsmöglichkeiten einerseits und einer Erziehung zum kritischen und selbstkritischen
Umgang andererseits.

9. Mobilisierung

Eine Reihe von Beispielen in den letzten Jahren zeigen, dass die digitale Technologie zur Destabilisierung von Gesellschaften gebraucht werden kann.

D die Beispiele der Mobilisierung der türkischen Communitiy gegen deutsche
Politiker, Werte und Interessen im Vorfeld der türkischen Präsidenten- sowie der
deutschen Bundestagswahlen, die daraus resultierenden Verwerfungen, Polari-
sierungen und Anfeindungen weisen auf die manipulativen Möglichkeiten dieser
Technologie hin. Auch die Mobilisierung der sogenannten „Russlanddeutschen",
die sich auf die gefakte Nachricht hin, die russlanddeutsche Schülerin Lisa sei von
einem geflüchteten Araber tagelang festgehalten und missbraucht worden, führte
beinahe zu einem diplomatischen Zwischenfall, bei dem sich der russische Au-
ßenminister eingeladen fühlte als Schutzpatron „seiner" Landsleute – wohnhaft
in Deutschland – aufzutreten.

Neben den konstruktiven Mobilisierungen z.B. gegen die Belästigung von be-
ruflich abhängigen Frauen (Hashtag metoo) oder für Nachbarschaftshilfe oder
den Schutz von Bienen, birgt diese Technologie, die Identifikationsprozesse anzu-
triggern vermag, eine ganz einfache Möglichkeit pseudopatriotische Zwistigkeiten
in die Welt zu setzen. Die Erkenntnisse der EU über die strategischen Möglichkeiten des Netzes die innere Erosion der demokratischen Gesellschaften in Gang
zu setzen, sprechen hier eine beredte Sprache.

Und es scheint, als ob besonders Russland rechtsnationale und separatistische
Strömungen – neuerdings z.B. Katalonien – zu Schwächung der Europäischen
Union unterstützt.[16]

---

16 EU-Parlament warnt vor russischer Propaganda, Zeit Online (23.11.2016): http://www.
    zeit.de/politik/ausland/2016-11/europaeische-union-anti-eu-propaganda-russland-
    europaparlament-populismus (letzter Zugriff: 08.01.2018).

10. Überwachung

Seit den Enthüllungen Edward Snowdens ist es kein Geheimnis mehr, wie die Daten deutscher und europäischer Unternehmen, Politiker und Bürger von amerikanischen Geheimdiensten abgefangen und abgehört werden. Bis heute gibt es keine politisch befriedigende Antwort auf die Übergriffe amerikanischer Geheimdienste gegenüber politischen Funktionsträgern in Deutschland. Nun könnte es sein, dass der Oberste Gerichtshof in den USA den Rechtsstreit zwischen Microsoft und Irland abschließend beurteilt, in dem Irland gegenüber Microsoft auf seiner nationalen Souveränität und der Geltung irischen Rechts in Bezug auf die Daten beharrte.

Es könnte sein, dass in den USA entschieden wird, dass alle von amerikanischen Internetfirmen gesammelten Daten im Hoheitsbereich und nach dem Recht der US-Rechtsprechung behandelt werden.

Das bedeutet das Ende der Möglichkeit, den Internetkonzernen auf nationaler oder europäischer Ebene die Grenzen aus der Perspektive des Datenschutzes zu zeigen. Und da könnte zugleich das Ende des weltweiten und freien Netzes bedeuten.[17]

11. Heilsversprechen oder Verschwörungstheorien

Wenn Eric Schmidt noch vor einigen Jahren formulieren konnte, dass die IKT – also die digitale Technologie – in der Lage sein werde, alle Probleme der Welt zu lösen, vorausgesetzt der Nutzer würde auf seine Privatsphäre verzichten, wird nun – besonders in den vergangenen drei Jahren – klar, dass das Netz mit seiner digitalen Kommunikation das friedliche Zusammenleben in demokratischen Strukturen mit seine regelhaften partizipativen Modellen und Prozessen empfindlich stören könnte bzw. an dessen Destabilisierung maßgeblich beteiligt sein könnte. Wie oben geschildert bedauern einige Gründer und Erfinder von sozialen Netzwerken bereits mit ihrer Erfindung an der Verschlechterung des kommunikativen Weltklimas beteiligt zu sein.

So sind die Heilsversprechen der Netzunternehmen mit ihren weltweiten Einflüssen eher Dystopien gewichen, die von Datenkraken und Sirenenservern

---

17 Markus Becker, US-Gericht entscheidet über unsere Privatsphäre, Spiegel-Online (03.01.2018): http://www.spiegel.de/netzwelt/netzpolitik/supreme-court-entscheidet-ueber-zukunft-unserer-privatsphaere-a-1186009.html (letzter Zugriff: 08.01.2018).

sprechen[18] und die nicht ohne Grund warnen, dass diese kommunikativen Netzwerke in der Hand von global agierenden Unternehmen, die nationale Souveränität der Staaten negieren, demokratische Regeln ignorieren, staatliche Aufsicht im Sinne einer Medienaufsicht ablehnen und sich im schlimmsten Fall zu einer Art Datenweltherrschaft bzw. einer Datendiktatur weiterentwickelt werden können.

Das Leben des Einzelnen mit all seine persönlichen Spuren und Kontakten im Netz könnte politisch missbraucht werden und ein Gegenstand von Manipulation und/oder Erpressung. Das Zusammenleben in den demokratischen Gesellschaften, deren Grundlage die Wahrhaftigkeit und Glaubwürdigkeit von Informationen darstellt, könnte ins Wanken geraten und rechtspopulistische und separatistische Tendenzen meinungsbeherrschend werden lassen.

Zwischen den Heilsversprechen und den Dystopien lässt sich vielleicht ein Weg finden, wie diese digitalen Netzwerke, die solch ungeahnte und wundervolle Möglichkeiten bieten, sich an die demokratischen Regeln und Strukturen anpassen und sich den Rechtsnormen der unterschiedlichen Gesellschaften zu beugen lernen.

In jedem Fall gilt es für den Einzelnen einen aufgeklärten Umgang mit diesen komplexen Kommunikationsmöglichkeiten zu bekommen.

Der aufgeklärte Umgang fordert eine Umstellung des Einzelnen in seinem Kommunikationsverhalten. Garantiert bisher der Rechtsstaat – grundgesetzlich gesichert – die kommunikative Privat- und Intimsphäre (siehe Grundgesetz Briefgeheimnis/Telefonie etc.), kann ein nationales Gesetz dieses Versprechen auf Datenschutz nicht mehr gewährleisten. Also muss der Einzelne eine neue Form von Aufmerksamkeit aufbringen und eine andere Form der Kommunikationskompetenz erwerben.

Dazu dient beispielsweise eine konsequente Selbstbeobachtung beim Kommunikationsverhalten, also der Versuch einen reflexiven und reflektieren Umgang mit den IKT zu gewinnen. Zum Beispiel indem ich frage:

Wo liegen meine Daten? Wer hat meine Passwörter, wer hat im Falle meines Todes Zugang zu meinen Daten? Wem gehört mein Vertrauen, mit wem teile ich meine Intimsphäre.

---

18 Vgl. Jaron Larnier, Wem gehört die Zukunft? Du bist nicht der Kunde der Internetkonzerne. Du bist ihr Produkt, Hamburg 2014.

Es gilt auch einen spirituellen und reflexiven Umgang mit der Zeit in den neuen Kommunikationsräumen zu gewinnen: Bin ich ständig online, habe ich Ruhe Zeiten, Zeiten der Nichterreichbarkeit?

Wer ist mein Freund? Wer kennt und erkennt mich wirklich in diesem wunderbaren biblischen Sinn. Zu wem gehöre ich, ohne vernutzt und verrechnet zu werden.

Wie gestalte ich angesichts des Totalanspruchs dieser Technologie auf meinen Tagesablauf und meine Orientierung in Zeit und Raum. Wie erlerne ich Selbstbegrenzung, die die Kunst der Selbstbeschränkung?

Gibt es Ruhezeiten oder offline-Zeiten? Gibt es einen regelhaften und reflektieren Umgang, der für andere transparent ist. Wie regeln die Jugendlichen und die Kinder ihren Umgang, wie kann sie vor der Totalvereinnahmung schützen?

Es gilt also *zwischen* der Dystopie und den Untergangszenarien beziehungsweise der Welterlösungsformel noch den Weg, einen kühlen, informierten, rationalen, reflexiven und beherrschten Umgang mit den neuen Kommunikationsmitteln zu finden. Das ist eine Frage des technologischen Umgangs, das ist aber auch die Frage einer von der bewährten christlichen Lebenskunst herkommenden Spiritualität.

Literatur

Beck, Ulrich: Die Metamorphose der Welt, Frankfurt a.M. 2016.

Becker, Markus: US-Gericht entscheidet über unsere Privatsphäre, Spiegel-Online (03.01.2018): http://www.spiegel.de/netzwelt/netzpolitik/supreme-court-ent scheidet-ueber-zukunft-unserer-privatsphaere-a-1186009.html (letzter Zugriff: 08.01.2018).

Carr, Nicholas: Der große Wandel (The Big Switch). Cloud Computing und die Vernetzung der Welt von Edison bis Google, Frechen 2009.

EU-Parlament warnt vor russischer Propaganda, Zeit Online (23.11.2016): http:// www.zeit.de/politik/ausland/2016-11/europaeische-union-anti-eu-propagan da-russland-europaparlament-populismus (letzter Zugriff: 08.01.2018).

Floridi, Luciano: Die 4. Revolution. Wie die Infosphäre unser Leben verändert (The 4. Revolution. How the Infospehre is Reshaping Human Reality, Oxford 2014), Frankfurt a.M. 2015.

Haberer, Johanna: Digitale Theologie. Gott und die Medienrevolution der Gegenwart, München 2015.

Habermas, Jürgen: Strukturwandel der Öffentlichkeit. Untersuchungen zu einer Kategorie der bürgerlichen Gesellschaft, Neuauflage Frankfurt a.M. 1990.

Hamm, Berndt: Die Reformation als Medienereignis, in: Glaube und Öffentlichkeit. Jahrbuch für biblische Theologie 11 (1996), 137–166.

Harari, Yuval Noah: Homo Deus. Eine Geschichte von Morgen (Homo Deus. A Brief History of Tomorrow 2015), München 2018.

Lanier, Jaron: Wenn Träume erwachsen werden. Ein Blick auf das digitale Zeitalter, Hamburg 2015.

Larnier, Jaron: Wem gehört die Zukunft? Du bist nicht der Kunde der Internetkonzerne. Du bist ihr Produkt, Hamburg 2014.

McLuhan, Marshall: Die magischen Kanäle. Understanding Media, Dresden/ Basel 1964.

Muth, Max: Mitbegründer Sean Parker schießt gegen Facebook, 2017: https:// www.br.de/nachrichten/facebook-gruender-schiesst-gegen-facebook-100. html (letzter Zugriff: 08.01.2018).

Pörksen, Bernhard / Bergmann, Jens (Hg.): Skandal! Die Macht öffentlicher Empörung, Halem 2009.

Rosa, Hartmut: Resonanz, Eine Soziologie der Weltbeziehung, Frankfurt a.M. 2018.

Rosa, Hartmut: Beschleunigung. Die Veränderung der Zeitstrukturen in der Moderne, Frankfurt am Main 2005.

Welzer, Harald: Die smarte Diktatur, Frankfurt a.M. 2017.

Ulrich Beuttler

Freiheit, das Potential der Reformation

Abstract: Freedom was a central theme and preoccupation of the Reformation. This essay shows that Luther's concept of freedom was primarily shaped by religious and theological concerns, and was at first only indirectly influential, through the Enlightenment and Neo-Protestantism, on the politics of church and society.

1. Einleitung[1]

Die evangelischen Kirchen, die aus der Reformation hervorgegangen sind, verstehen sich heute als die Kirchen der Freiheit. Sie begründen sich auf die christliche Freiheit, die die Reformation, insbesondere Martin Luther, erkannt und bewirkt hat. Im Jahr 2006 hat der Rat der EKD unter Führung des damaligen Ratsvorsitzenden Wolfgang Huber ein Impulspapier mit dem Titel „Kirche der Freiheit" veröffentlicht. Dieses Papier hatte nichts weniger als eine umfassende Neuorientierung der evangelischen Kirche in Deutschland im Sinn, und zwar im Blick auf das Reformationsjubiläum 2017. Als Kirche der Freiheit sollte die Kirche zukunftsfähig gemacht werden, die großen Herausforderungen der Gegenwart zu bewältigen: Traditionsabbruch, Säkularisierung, Autoritätsverlust der Institutionen, und zwar innovativ zu bewältigen. Als Innovationsmotor diente der christliche Begriff der Freiheit, und man griff dazu zurück auf die christliche Freiheit, den „Grundimpuls der Reformation"[2].

„Zur Signatur evangelischen Christseins gehört Freiheit. Die Bindung an Jesus Christus eröffnet Raum für die persönlich verantwortete Gestaltung der christlichen Existenz und des kirchlichen Auftrags" (ebd.). Um ihr Potential der Erneuerung und Zukunftsfähigkeit abzurufen, müsse die evangelische Kirche sich also auf die christliche Freiheit in Jesus Christus zurückbesinnen. Dann sei es möglich, dass „die evangelische Kirche einen Mentalitätswandel und einen Paradigmenwechsel weg von der Verteidigung gewachsener Strukturen hin zum Ergreifen neuer und verheißungsvoller Möglichkeiten" (ebd.) vollzieht.

---

1   Vortrag auf der Jahrestagung der Karl-Heim-Gesellschaft (28.10.2018), basierend auf der Erstveröffentlichung Deutsches Pfarrerblatt, 117. Jg., Heft 9/2017, 501–506; jetzt auch in: Ulrich Beuttler, Reformatorische Freiheit, Erlangen 2018, 27–42.

2   Kirche der Freiheit. Perspektiven für die evangelische Kirche im 21. Jahrhundert. Ein Impulspapier des Rates der EKD, Hannover 2006, 13.

Dass die evangelische Kirche sich als Kirche der Freiheit versteht und Freiheit als Potential ihres reformatorischen Erbes begreift, hat eine gute protestantische Tradition. G.F.W. Hegel hatte den Protestantismus die Religion der Freiheit genannt. Durch die Reformation sei der Geist, der „der Religion selbst angehört, und die Freiheit in der Kirche gewonnen"[3] worden. Es wird erzählt, dass Hegel zweimal im Jahr sein Glas auf die Freiheit erhob, am 14. Juli, dem Sturm auf die Bastille, und am 31. Oktober, dem Reformationstag[4]. Nicht zuletzt Bundespräsident Joachim Gauck hat die (gesellschaftspolitische und religiöse) Freiheit ins Zentrum seiner gesellschaftlichen Analyse gestellt[5]. Und die württembergische und die badische Landeskirche stellen das ganze Reformationsjahr unter das Thema „…da ist Freiheit"[6].

Wir müssen allerdings genauer nachfragen, inwieweit der Begriff der Freiheit taugt, erstens die Reformation selbst zu charakterisieren und dann zweitens sie heute weiterzuführen. Denn die Reformation selbst hatte zunächst weder *politische* Revolution noch *kirchlichen* Strukturwandel noch *gesellschaftliche* Änderungsprozesse im Sinn, sondern genau das Gegenteil. Sie verstand Freiheit keineswegs als politische oder gesellschaftliche Größe der Neugestaltung.

2. Zurück zu den Ursprüngen

Der Reformator Heinrich Bullinger definierte Reformation ganz im Sinne Luthers und seiner Mitstreiter als Anliegen, die Kirche zurück zu formen (von lat. reformare = zurückformen): „Reformare bedeutet eine Sache in ihre frühere, verloren gegangene Form zurückzuführen"[7]. Reformation heißt: zurück zur Bibel

---

3   G.F.W. Hegel, Vorlesungen über die Philosophie der Geschichte, zit. nach: Luther und die Deutschen. Stimmen aus fünf Jahrhunderten, hg. v. Thomas Kaufmann u. Martin Keßler, Stuttgart 2017, 163.

4   Vgl. Joachim Ritter, Hegel und die Reformation, in: Ders., Metaphysik und Politik. Studien zu Aristoteles und Hegel, Frankfurt 1969, 310–317, 311, zit. nach Oswald Bayer, Reformatorisches und neuzeitliches Freiheitsverständnis im (Konflikt-)Gespräch, in: Hans Christian Knuth / Rainer Rausch (Hg.), Welche Freiheit? Reformation und Neuzeit im Gespräch, Hannover 2013, 123–146, 124.

5   Joachim Gauck, Freiheit. Ein Plädoyer, München [4]2012.

6   …da ist Freiheit (2. Kor 3,17). 500 Jahre Reformation. Ideenheft zur Vorbereitung des Jubiläumsjahres, hrsg. Im Auftrag der Evang. Landeskirchen in Württemberg und Baden v. Christiane Kohler-Weiß u. Wolfgang Brjanzew, Stuttgart/Karlsruhe 2016.

7   „Reformare est rem ad pristinam formam, quam amiserat, reducere" (Heinrich Bullinger 1556/66, zit. nach Martin Jung, Reformation und konfessionelles Zeitalter (1517–1648), Göttingen 2012, 10).

und zum Glauben der Väter, zurück zu den religiösen Grundlagen der frühen Christenheit, von denen sich die Kirche aus der Sicht der Reformatoren im Laufe ihrer Geschichte mehr und mehr entfernt hatte. (Der erste reformatorische Kirchengeschichtsschreiber Gottfried Arnold beschrieb explizit die Kirchen- und Theologiegeschichte des Mittelalters als Verfallsgeschichte, die man nur durch Rückwendung auf den Anfang heilen und erneuern kann.) Die Reformatoren wollten keine Neuerer, keine Modernisierer sein. Als solche, als Neugläubige und „Deformierer", wurden sie jedoch von den Anhängern der römischen Kirche, von den Altgläubigen, beschimpft. Erst im Zuge der Gegenreformation überboten sich die reformatorischen Kirchen darin, die wahre *ecclesia reformata* als Kirche der Erneuerung zu sein.[8] Man kann also sagen, dass die Reformatoren wider Willen, indem sie zum Alten, zur ursprünglichen Kirche des ersten Evangeliums zurückwollten, Neues schufen und sowohl die Kirche, als auch Kultur und Gesellschaft weiterentwickelten. (In „Reformationstheorien"[9] diskutieren B. Hamm, B. Moeller und D. Wendebourg, ob das Erneuernde der Reformation als Potential in ihr selbst angelegt, so Hamm, oder erst von außen durch die römische Restriktion provoziert wurde, so Wendebourg.) Der Humanist Erasmus nannte die Reformation *regeneratio*, Wiedergeburt, Renaissance. Es hat ziemlich lange, bis ins 18./19., sogar 20. Jh. gedauert, bis die reformatorischen Kirchen selbst dies annehmen konnten und Reformation eben gerade als Erneuerung, als *renovatio*, und nicht mehr als Rückbindung, als Zurückformung begriffen.[10]

Ich möchte nun zuerst dieses Widereinander zwischen Aufbruch und Restauration, zwischen Freiheit und Rückbindung in Theologie und Wirken der Reformatoren, besonders Luthers thematisieren (3.-5.). Dann gehe ich im zweiten Teil auf die sozusagen indirekten Wirkungen der Reformation als Religion der Freiheit in Aufklärung und Neuzeit ein (6.-7.) und frage im dritten Teil dann nach dem Potential, das die evangelische Freiheit, auch in der Rückbesinnung auf genuine Anliegen der Reformation, heute haben kann (8.-11.).

---

8   Vgl. Friederike Nüssel, Reformatorische Grundlagen der Theologie, in: Günter Frank u.a. (Hg.), Wem gehört die Reformation. Nationale und konfessionelle Dispositionen der Reformationsdeutung, Freiburg 2013, 207.

9   Berndt Hamm / Bernd Moeller / Dorothea Wendebourg, Reformationstheorien. Ein kirchenhistorischer Disput über Einheit und Vielfalt der Reformation, Göttingen 1995.

10 Zur ökumenischen Diskussion um die *ecclesia semper reformanda* vgl. Ulrich Beuttler, Wem gehört die Reformation? Und was feiern wir 2017? In: Materialdienst des Konfessionskundlichen Instituts Bensheim, 68. Jahrgang, Heft 03, Mai/Juni 2017, 42–46.

3. Erneuerung oder Restauration?

Wer feiert 2017: Die evangelischen oder/und auch die römisch-katholische Kirche oder/und auch die ganze säkulare Gesellschaft? War Luther ein Modernisierer, der neue Freiheit gebracht hat, oder hat er eigentlich nur die Kirchenspaltung bewirkt und die Einheit Europas letztlich zerstört? Denn Fakt ist, dass die Kirche nach der Reformation keine Einheit mehr war und Europa zersplittert in eine Vielzahl von kleinen und kleinsten Territorien, besonders das Heilige Römische Reich Deutscher Nation, das doch gegründet worden war, um die Einheit, die im geistlichen durch den Papst repräsentiert war, auch politisch durch Kaiser und Reichsstände zu bewirken. Aber nach der Reformation war das Reich zersplitterter als vorher. 1648 zählte man noch 250 Einzelterritorien im Reich und die Tendenz zur politischen Einigung ging erst im 18./19. Jh. voran, allerdings wieder mit zahlreichen Kriegen, nach den Religionskriegen des 17. Jh. nun mit Freiheitskriegen.

Die Reformation hat nicht nur die evangelische Rückbesinnung auf das Evangelium hervorgebracht, sondern auch die evangelischen *Kirchen*, im Plural, also auch die Kirchenspaltung im Abendland bewirkt und die zuvor noch geeinte weströmische Kirche aufgespalten.

Oder soll man sagen, dass die Kirche schon in sich gespalten war und die Reformation nur vollzogen hat, was längst schon der Fall war? Dass die Kirche wie das Reich aus einer Mehrzahl von theologischen und grundsätzlichen Ausrichtungen und Reformansätzen bestand, auf der einen Seite diejenigen, die Reform nur in der weiteren Stärkung der lehramtlichen Papstkirche sahen (der Papalismus) auf der anderen Seite diejenigen, die alle Reformhoffnung auf das Konzil setzten (der Konziliarismus), während die Reformatoren weder dem Papst noch dem Konzil die Reform zutrauten. „Papst und Konzilien glaube ich nicht; es steht fest, dass sie häufig geirrt und sich auch selbst widersprochen haben"[11], behauptete Luther in Worms. Und schon beim Verhör im Oktober 1518 im Fugger-Palast zu Augsburg vor dem päpstlichen Legaten Kardinal Cajetan hatte Luther die Autorität des Papstes in Sakraments- und Heilsfragen angezweifelt, so dass der ihm entgegenschleuderte: „Das heißt eine neue Kirche bauen".[12]

---

11 Martin Luther, Rede auf dem Reichstag zu Worms 1521, in: Ders., Aufbruch zur Reformation, Ausgewählte Schriften I, hg. v. Karin Bornkamm u. Gerhard Ebeling, Frankfurt a.M. 1990, 269.

12 Vgl. Bernhard Lohse, Luthers Theologie in ihrer historischen Entwicklung und in ihrem systematischen Zusammenhang, Göttingen 1995, 129f.

4. Überwindung mittelalterlichen Denkens

Bedenken wir weiter die theologische Diskussionslage, dass die beiden reformatorischen Kernthemen, an denen sich die Kontroverse entzündete, nämlich der Frage des Ablasses und besonders der Frage der Rechtfertigung und der Heilsgewissheit, 1517 noch gar nicht lehramtlich abschließend geklärt waren – die lehramtliche Fixierung geschah erst in der Folge des Thesenanschlags, im Dialog des Kurientheologen Prierias *De potestate papae*, in den Augsburger autoritativen Traktaten Cajetans[13] während des Verhörs sowie abschließend im Zuge des antireformatorischen Konzils von Trient 1563. Und selbst das Konzil war, obwohl es explizit viele Sätze Luthers bzgl. Wille, Sünde, Gnade und Heil als ketzerisch verdammt hat, z.b. in Frage der Heiligen- und Reliquienverehrung und der Bußfrömmigkeit ganz erneuernd, indem es das volksmagische Treiben des Mittelalter sozusagen rational begrenzt und Luthers sehr mittelalterlich-apokalyptisches schwarz-weiß Denken ganz neuzeitlich-rational überholt hat.[14] Der römische Katholizismus war im Denken oft rationaler und damit moderner und wissenschaftsfreundlicher als die Reformatoren.

Luther war in seinem Weltbild in vieler Hinsicht ganz mittelalterlich und auch den Erneuerungen des Denkens und der Wissenschaft gegenüber gar nicht aufgeschlossen. Z.B. hat er mit der Mehrheit der (römischen) Wissenschaftler, aber im Unterschied zu anderen progressiv-heliozentrischen reformatorischen Theologen wie Andreas Osiander, Caspar Cruciger oder Erasmus Reinhold die Revolution des Kopernikus vehement abgelehnt und am alten aristotelisch-geozentrischen Weltbild festgehalten.[15] Dennoch war Luther in anderer Hinsicht, etwa in der Frage des Abendmahls (der sog. Ubiquitätslehre) extrem innovativ und modern und wurde so auch wissenschaftlich indirekt zum Wegbereiter der Moderne. Man hat Luthers Abendmahlslehre sogar als „weltanschaulich geradezu befreiend", als

---

13 Vgl. Gerhard Henning, Cajetan und Luther. Ein historischer Beitrag zur Begegnung von Thomismus und Reformation, Stuttgart 1966, 45–61.

14 Vgl. Harm Klueting, Luther und die Neuzeit, Darmstadt 2011, 130f.

15 Vgl. Ulrich Beuttler, Gott und Raum. Theologie der Weltgegenwart Gottes, Göttingen 2010, 49–51; Ders., Art. Geozentrisches / Heliozentrisches Weltbild / Naturwissenschaft und Religion / Theologie und Naturwissenschaft, in: Enzyklopädie der Neuzeit, Bd. 4, 502–507 / Bd. 5, 371–375 / Bd. 9, 58–64 / Bd. 13, 502; Ders., Art. Astronomy VI.C, in: Encyclopedia of the Bible and its Reception, Bd. 2, 1155–1159.

„Bruch mit dem alten Weltbild" und „bahnbrechend" für die „gesamte Entwicklung des modernen Weltbildes" bezeichnet.[16]

Weiter stellt sich die wichtige Frage, ob Luther eigentlich schon reformatorisch gesinnt oder ob er nicht umgekehrt noch katholisch war, als er 1517 zum Reformator wurde. War Luthers Rechtfertigungs- und Freiheitslehre ein epochaler theologischer Neuansatz und ein Bruch mit der mittelalterlichen Theologie, wie Berndt Moeller betonte, oder ist die Kontinuität und starke Verankerung der reformatorischen Theologie in der mittelalterlichen Mystik und Frömmigkeit vorrangig, wie Volker Leppin meint[17], was z.b. an der Betonung der Buße in Luthers erster These von 1517 deutlich wird, die das ganze Leben umfassen soll. Es ist dann die Frage nach der Datierung, ob die sog. Reformatorische Wende, die Luther als eine explizite Freiheitserfahrung beschrieben hat, vor dem 31. Oktober 1517 anzusetzen ist, oder erst danach, wofür einiges spricht.

5. Eine echte Freiheitserfahrung

Luther hat im Rückblick gesagt, dass ihm die neue Erkenntnis der Rechtfertigung aus dem Glauben so gewesen sei, als ob er „durch geöffnete Tore ins Paradies selbst eingetreten"[18] sei: eine echte Freiheitserfahrung. Luther hat denn im Gefolge, ab dem 11. November 1517 seinen Familiennamen von mhd. Luder in humanistisch Luther mit th, von gr. eleutherius, der Freie, geändert und über einige Wochen mehrere persönliche Briefe mit „der Freie" unterschrieben. Auf jeden Fall scheint die reformatorische Neuerkenntnis der christlichen Freiheit recht unabhängig von der kirchlichen Streitfrage um den Ablass, die den Konflikt mit Papst und Kirche bis zum Ketzerprozess und zur Exkommunikation brachte.

Wenn das der Fall ist, könnte man auch heute das Thema der christlichen Freiheit unabhängig von der nach wie vor strittigen Kirchen- und Amtsfrage ökumenisch feiern. In der Tat wurde gerade von katholischer Seite

---

16 Vgl. Beuttler, Gott und Raum, 169–178, bes. 173f; zit. Werner Elert, Morphologie des Luthertums I, München 1931, 364f; vgl. Erwin Metzke, Sakrament und Metaphysik, Stuttgart 1948.

17 Vgl. Volker Leppin, Die fremde Reformation. Luthers mystische Wurzeln, München 2017.

18 Zu Luthers Selbstzeugnis von 1545 als rückblickende Grundlegung seiner reformatorischen Theologie vgl. Ulrich Beuttler, „Durch geöffnete Tore in das Paradies selbst eintreten." Gottes Gerechtigkeit und die Theologie der Reformation, in: Heike Frauenknecht u.a. (Hg.), Reformationen. Hintergründe, Motive, Wirkungen, Bielefeld 2014, 57–84; zit. Martin Luther, Vorrede zum ersten Band der Wittenberger Ausgabe der lateinischen Schriften Luthers 1545, in: Ausgewählte Schriften I, a.a.O. (Anm. 11), 23.

(u.a. Kardinal W. Kasper[19]) jüngst Luthers Erkenntnis der geistlich-christlichen Freiheit als ökumenische Erkenntnis gelobt. Allerdings muss man sehen, dass Luthers reformatorische Erkenntnis der Glaubensfreiheit noch längst nicht die Glaubens- und Gewissensfreiheit der Moderne ist, die man heute so gerne auf Luther zurückführt.

6. Luther als Wegbereiter der Moderne?

Die Moderne versteht sich seit der Aufklärung als „Ausgang des Menschen aus seiner selbstverschuldeten Unmündigkeit"[20]. Aufklärung heißt bei Immanuel Kant, sich seines Verstandes ohne Leitung eines anderen zu bedienen, m.a.W. von der Freiheit der Vernunft überall Gebrauch zu machen. Diese Freiheit wird seit dem 19. Jh. gerne auf Luthers Berufung auf seine Gewissensfreiheit vor Kaiser und Reich in Worms zurückgeführt, und auch in Luthers Thesenanschlag 1517 an der Schlosskirche in Wittenberg aufgefunden.

Diese Deutungen funktionierten solange, als man den Thesenanschlag symbolisch überhöhte: als Kampfansage Luthers gegen die dekadente römische Kirche, als Aufstand des freien Gewissens gegen den papistisch-mittelalterlichen Aberglauben, als Akt des deutschen Selbstbewusstseins gegen das unaufgeklärte alte Regime, als Durchbruch der Neuzeit gegen das Mittelalter, als erster Akt einer geplanten Kirchenreform, als Massenvolksbewegung gegen die elitäre Koalition aus Adel und Kirche. Aber keine dieser Deutungen ist historisch zu halten.

Die Wittenberger Kirchentür taugt schwer als Ereignis der Initialzündung, auch wenn die Gemälde vom Thesenanschlag das so inszenierten und bis zum Lutherfilm Hollywoods weiterspannen: die Mär vom jugendlichen Helden, der mit den mächtigen Schlägen die „Welt veränderte für immer". Die 95 Thesen taugen nicht als Aufbruch in die Freiheit der Vernunft und der Neuzeit, weil Luthers Behandlung des Ablassthemas völlig verstrickt war in das theologische Problem des Mittelalters um die Autorität des Papstes in Heilsfragen.

Wie steht es mit Luthers Auftritt vor Kaiser und Reich 1521 in Worms, als er sagte: „Wenn ich nicht durch Schriftzeugnisse oder einen klaren Grund widerlegt werde, denn allein dem Papst oder den Konzilien glaube ich nicht ..., kann und

---

19 Walter Kardinal Kasper, Martin Luther. Eine ökumenische Perspektive, Ostfildern 2016, 64.

20 Immanuel Kant, Beantwortung der Frage: Was ist Aufklärung, in: Erhardt Bahr (Hg.), Was ist Aufklärung. Thesen und Definitionen, Stuttgart 1980, 9.

will ich nicht widerrufen."[21] Dass Luther hier gleichermaßen Kaiser und Papst, Kirche und Reich selbstbewusst die Stirn bot, war weniger seiner aufgeklärten Mündigkeit geschuldet, als seinem Festhalten an der Bibel als alleiniger Autorität. „Mein Gewissen ist gefangen im Wort Gottes", sagte Luther im gleichen Satz. Seine Berufung auf die Vernunft und das Gewissen in Worms ist noch nicht schon die Hochschätzung der Vernunft in der deutschen Aufklärung des 18. Jh. und die in jahrhundertelangen Kriegen erkämpfte individuelle Glaubens- und Gewissensfreiheit der Neuzeit, wenngleich Luther für die Ausbildung der persönlich-privaten Glaubenspraxis, die dem Zugriff von Staat *und* Kirche entzogen ist, entscheidender Katalysator war.[22] Aber Luther stellt ja daneben noch besonders die Heilige Schrift, auf die er sich beruft, und dieses Schriftprinzip ist ja eher restaurativ, es wendet sich zurück auf die Anfänge und sieht Freiheit des Gewissens nur in der Bindung an die Ursprungsautorität.

Der durchaus freie Umgang mit der Heiligen Schrift und den Traditionen, der die evangelische Theologie seit der Aufklärung charakterisiert, kann sich zwar auf Luthers Schriftprinzip beziehen[23] – die Heilige Schrift ersetzt den Papst als letzte Autorität in der Kirche – entspricht aber nur bedingt Luthers Umgang mit derselben.

7. Gewissens- und Religionsfreiheit

Die Religionsfreiheit im engeren Sinne wurde erst nach Religionskriegen mit zigtausenden von Toten 1648 im Westfälischen Frieden erreicht und auch da zunächst nicht als Wahlfreiheit, sondern als Staatssache. Religionsfreiheit gab es nur als Recht des Landesherrn zur Reformation (*jus reformandi*), also zum Wechsel des Bekenntnisses, dem alle Untertanen folgen mussten, oder immerhin, auswandern durften: Das *jus emigrandi* war der große Fortschritt des 17. Jh.

---

21 Luther, Rede auf dem Reichstag zu Worms 1521, in: Ders., Aufbruch zur Reformation, Ausgewählte Schriften I, hg. v. Karin Bornkamm u. Gerhard Ebeling, Frankfurt a.M. 1990, 269.

22 Vgl. Detlef Pollak, Protestantismus und Moderne, in: Udo di Fabio / Johannes Schilling (Hg.), Die Weltwirkung der Reformation. Wie der Protestantismus unsere Welt verändert hat, München 2017, 81–118.

23 Vgl. u.a. Uwe Becker, Freiheit von der Schrift. Luthers Schrifthermeneutik in seiner Vorrede zu den lateinischen Werken (1545), in: Christine Axt-Piscalar / Mareile Lasogga (Hg.), Dimensionen christlicher Freiheit. Beiträge zur Gegenwartsbedeutung der Theologie Luthers, Leipzig 2015, 13–26.

Erst in langem kritischen Aufbegehren der Aufklärung gegen Kirche und Staat wurde die individuelle Freiheit des Individuums in Glaubens- und Gewissens- fragen erreicht:

a) Die Religionsfreiheit der Wahl des Bekenntnisses *gegenüber* Staat und Kirche wurde erst in der frz. Revolution erstritten und in Deutschland zögerlich nach und nach zunächst als Recht von Minderheiten toleriert. Erst der streng säku- lare Staat des 20. Jh. gewährte in der Weimarer und dann der Bundesrepublik volle Glaubens- und Gewissensfreiheit der freien Wahl (Weimarer Reichs- verfassung Art. 136/137, aufgenommen in das Grundgesetz der BRD Art. 4); in England, Frankreich und den USA war die Religionsfreiheit schon früher gewährt, durch das System der „freiwilligen Religion", die jedoch anders als bei uns die Religion zur Privatsache machte, also öffentliche und private Religion streng trennt.

b) Die Gewissensfreiheit *gegenüber* den Institutionen: Dass im Gewissen der einzelne Mensch vor Gott steht und nur ihm gegenüber Rechenschaft schul- dig ist, hat erst die Aufklärung gegenüber der Kirche erstritten. Aber dass die Institutionen, weder Kirche noch Staat, niemand zum Glauben zwingen können und das Gewissen nicht manipulieren dürfen, kann sich auf Luther berufen. 1523 hat er in der Schrift „Von weltlicher Obrigkeit, wie weit man ihr Gehorsam schuldig sei" gesagt: „Zum Glauben kann und soll man nie- mand zwingen."[24] Das hat Luther gegenüber dem Herzog Georg von Sachsen geltend gemacht, der versucht hatte, die Verbreitung von Luthers deutschem neuem Testament in Sachsen zu unterbinden. „Zum Glauben kann und soll man niemand zwingen", sagte Luther gegenüber der staatlichen Gewalt und des Übergriffs in Glaubensfragen. Direkt hat das nichts geholfen, sondern im landesherrlichen Kirchenregiment hat nun statt der Kirche die staatliche Obrigkeit bis 1918 Glauben und Bekenntnis festgelegt. Erst seither haben wir keine Staatskirche mehr, sondern die „hinkende Trennung" der positiven Kooperation von Staat und Kirche und die volle positive, staatlich gewährte und geförderte, Religionsfreiheit.[25] Aber doch wurde mit Luthers mutiger Spitze der Freiheit des Glaubens tatsächlich der Protestantismus mit Recht *on*

---

24 Martin Luther, Von weltlicher Obrigkeit, wieweit man ihr Gehorsam schuldig sei 1523, in: Ders., Christsein und weltliches Regiment, Ausgewählte Schriften IV, hg. v. Karin Bornkamm u. Gerhard Ebeling, Frankfurt a.M. 1990, 36–84.

25 Vgl. Ulrich Beuttler, Verschiedene Aufgaben. Luthers Zwei-Reiche-Lehre und das Verhältnis von Kirche und Staat, in: Evang. Gemeindeblatt für Württemberg, 109. Jg., Heft 43 v. 26.10.2014, 6–7.

the long run zur „Gewissensreligion" (Karl Holl)[26] und die innere Freiheit des Gewissens zu seinem Prinzip. Die innere Glaubens- und Gewissensfreiheit, die allein Gott, aber keinen Menschen oder Institutionen verantwortlich ist, ist noch etwas anderes und mehr als die äußere Religionsfreiheit, sondern deren notwendige und hinreichende Voraussetzung. Im Gewissen ist der Protestant, was er *ist*: frei.

8. Reformation als gesellschaftspolitische Kraft

Die Reformation als Umgestaltung und Erneuerung von Kirche und Gesellschaft beginnt so richtig 1520 mit den beiden reformatorischen Hauptschriften: Die Adelsschrift „An den christlichen Adel deutscher Nation" ist Programm der Reformation als gesellschaftspolitische Kraft, hier möchte Luther die politische Führung des Landes für die Neuausrichtung einer ganzen Gesellschaftsordnung gewinnen, und die Freiheitsschrift „Von der Freiheit eines Christenmenschen" ist Programm der Reformation als religiöser Erneuerung.

In der Adelsschrift 1520 hat Luther seine Sicht der Kirche klipp und klar erklärt. Es seien Mauern, welche die Kirche hochgezogen habe, um sich gegen Reformen zu immunisieren. Der Papst sei der „Teufel zu Rom", der Antichrist, der den Machtanspruch seiner geistlichen Gewalt über die Schrift, über ein Konzil und über die weltliche Gewalt stellt[27]. Die Missstände des Papismus haben die ganze Kirche verdorben. Ein geldgieriger Klerus saugt die Kirche aus. Die Werkgerechtigkeit bestimmt die Christenheit durch und durch: Wallfahrten, Heiligenverehrung, Messstiftungen, das Ablasswesen. Hier malt Luther, durchaus im Einklang mit Reformschriften des 15. Jh., das Bild einer durchgängig degenerierten, vollständig verdorbenen und reformunfähigen und unwilligen Kirche. Die Kirche, sagt Luther, befindet sich in einer mehrfachen Gefangenschaft. Die kirchlichen Missstände seien nicht nur einzelne Fehlhaltungen (wie Luther noch 1517 meinte), sondern seien tief in der Geistlichkeit und in den Amtsstrukturen und in der Kirche als Heilsanstalt verankert.

Und genau das wollte man hören: Die Adelsschrift war ungewöhnlich erfolgreich, von der 1. Auflage wurden schon 4000 Exemplare gedruckt[28] und in einem Jahr erschienen 25 weitere Auflagen. Luther hat diese Provokation geschrieben,

---

26 Karl Holl, Was verstand Luther unter Religion? In: Ders., Gesammelte Aufsätze zur Kirchengeschichte I. Luther, Tübingen [7]1948, 35.

27 Martin Luther, An den christlichen Adel deutscher Nation: Von des christlichen Standes Besserung 1520, in: Ausgewählte Schriften I (Anm. 11), 161.

28 Vgl. Thomas Kaufmann, Geschichte der Reformation, Leipzig 2009, 273.

als der Prozess gegen ihn schon in vollem Gang war und es im Grunde kein Zurück gab, als der Graben mit der Kirche Roms von beiden Seiten nicht mehr zu überbrücken war. Luther wendet sich an diejenigen, von den er den kirchlichen Neubau erwartet und zutraut: Es sind neben dem Adel, d.h. den Fürsten und Rittern, die Städte, d.h. der Magistrat, aber auch jeder Christenmensch aufgefordert, durch seine Lebensweise für des „christlichen Standes Besserung" einzutreten. Dass die Obrigkeit im Besonderen aufgerufen war und die Reformation faktisch eine Fürstenreformation war und nur so überhaupt ihre Durchsetzung erlangte – in Wittenberg wie in Württemberg – das beinhaltete gleichermaßen, dass jeder Christ an seinem Ort das Seinige beitragen sollte, um christliches Leben zu stärken.

9. Allgemeines Priestertum

Zugleich ist die Adelsschrift das Programm einer erneuerten Kirche, welche im allgemeinen Priestertum aller Glaubenden und Getauften begründet ist. Worum geht es im Kern? Die Kirche sollte nicht mehr zweigeteilt aus Klerikern und Laien bestehen, also aus zwei Arten und Wesen von Christen. Nach 1. Pt. 2,9 sind für Luther „alle Christen wahrhaft geistlichen Standes, und es ist zwischen ihnen kein Unterschied als allein des Amts halber". Luthers Kirche kennt nur Amtspersonen und Differenzen in der Aufgabenübertragung, nicht jedoch im Wesen und Sein: Durch die Taufe hat Gott jeden Christen in gleicher Weise „geweiht". Es gibt nur einen Priester: Christus. Durch die Taufe ist jeder Christ im gleichen Stand. „Was aus der Taufe gekrochen ist, das kann sich rühmen, dass es schon zum Priester, Bischof und Papst geweiht sei"[29].

Die These „Wir sind Papst" hat die BILD-Zeitung also von Luther plagiiert und sie galt nicht dem einen Papst für und gegenüber allen Christen, sondern sie gilt allen Christen miteinander und gleicherweise, unter dem einen Herrn, Christus.

Die Idee des allgemeinen Priestertums birgt ein radikales Potential, das sogar das Luthertum immer überforderte! Es hat ein egalistisches Ideal, das so radikal ist, dass es in der Realität nicht einlösbar ist. Dennoch ist diese eine Idee von solcher Kraft gewesen, dass sie alle Kirchenstrukturreformen und –erneuerungen, die aus der Reformation hervorgingen, nachhaltig geprägt, aber auch strapaziert und irritiert hat. Kurz gesagt, ist dieses Programm nie umgesetzt, sondern immer auf halbem Weg abgebrochen worden.

---

29 Luther, An den christlichen Adel deutscher Nation, a.a.O. (Anm. 27), 156.

Reformation war nichts Anderes als Fürstenreformation von oben und das landesherrliche Kirchenregiment hat das mittelalterliche System der Bischofskirche noch aufs weltliche Regiment ausgedehnt und diesem die Herrschaft über Staat *und* Kirche überlassen. Luther hat also letztlich aus Ordnungsgründen dem Fürsten mehr Recht gegeben als ihm theologisch „eigentlich" zusteht. Der Landesherr war zunächst nur als Notbischof gedacht, wurde aber mangels Alternativen bald auf Dauer gestellt, bis 1918, wie gesagt.

10. Urteilsfreiheit der einzelnen Gläubigen

Gleichzeitig war damit jedoch die Idee des rein geistlichen, antiklerikalen und antihierarchischen Allgemeinen Priestertums nicht gestorben, sondern auch die Unruhe der protestantischen Kirchen und in ihrer Struktur lebendig, also das Reformpotential in den Kirchen der Reformation. Das dritte Freiheitspotential der Reformation Luthers besteht also in der Urteilsfreiheit der einzelnen Gläubigen *gegenüber* der Kirche. Die Kirche ist nach Luther nichts Anderes als die im Wort Gottes gegründete und versammelte Gemeinde, aber nicht die hierarchische Klerikalkirche von oben. „Es weiß gottlob ein Kind von 7 Jahren, was die Kirche sei, nämlich die heiligen Gläubigen und die Schäflein, die ihres Hirten Stimme hören", sagt Luther 1536 in den Schmalkaldischen Artikeln. Ihre Heiligkeit jedoch bestehe „nicht in Chorhemden, Tonsuren, liturgischen Gewändern und ihren anderen Zeremonien, … sondern im Wort Gottes und rechtem Glauben."[30] Kirche der Freiheit heißt bei Luther auch Freiheit *von* der Kirche, Freiheit *in* der Kirche und Freiheit *für* die Kirche.[31]

Dass die Reformation keine suffiziente Kirchenlehre ausgebildet habe, wird ihr bis heute von römischer Seite vorgeworfen, stimmt aber nicht. Aber es war eine andere, bei der man vom Glauben des Einzelnen zur Kirche kommt, während im Katholizismus umgekehrt das Verhältnis des Einzelnen zu Christus von seinem Verhältnis zur Kirche abhängig ist, so Schleiermachers präzise Analyse[32]. Das antihierarschische Potential war in der evangelischen Kirche immer lebendig.

---

30 Die Bekenntnisschriften der Evangelisch-Lutherischen Kirche (BSLK), Göttingen [11]1992 460.

31 Vgl. Hellmut Zschoch, Martin Luther und die Kirche der Freiheit, in: Werner Zager (Hg.), Martin Luther und die Freiheit, Darmstadt 2010, 25–40.

32 Vgl. Ulrich Beuttler, Streit ums Jubiläum, in: Deutsches Pfarrerblatt, 117. Jg., Heft August 8/2017, 465–466; zit. Friedrich Schleiermacher, Der christliche Glaube nach den Grundsätzen der evangelischen Kirche im Zusammenhange dargestellt [2]1830, hg. v. Martin Redeker, Berlin 1960, § 24, Bd. I, 137.

Man denke an den Pietismus und seine „ecclesiola in ecclesia", man denke an den Kirchentag, wo immer noch irritierend sich evangelische Nichtkleriker zu Wort melden. Man denke an die Organisation des Schulwesens und der Armenversorgung, bei denen das egalitäre Christentum leitend war. Man denke an die heutigen Landeskirchen, deren Organisation zu gleichem Teil aus geistlicher und aus „weltlicher" Leitung durch Ökonomen, Finanz- und Verwaltungsleuten besteht. Man denke an die Wahl der Pfarrer durch das „Laien"-gremium und an die gleichberechtigte Gemeindeleitung durch Pfarrer und Kirchengemeinderat, man denke an die Kirchenverfassungen durch Synoden oder die inzwischen selbstverständliche Zulassung von Frauen im Pfarramt.

Das Priestertum aller Gläubigen steht für eine egalitäre und partizipatorische Form von Religion und Kirche. Sie steht für die Begrenzung der Professions- und Funktionärskirche durch die Laien, die keine Laien sind, sondern Ehrenamtliche. Es ist aber auch eine Frage an das Innerste des reformatorischen Christentums, ob die Kirche je reif und fähig für das Priestertum aller Gläubigen ist.

11. Die Religion der Freiheit

Liegt in Luthers Kritik an der Papstautorität das eine, kritische Moment der erneuerten Kirche, so liegt in Luthers Freiheitsschrift das andere Moment der Reformation als religiöser Erneuerung.

„Ein Christenmensch ist ein freier Herr aller Dinge und niemandem untertan."[33] Damit formuliert Luther: Im Glauben ist jeder Christ ein souveräner Herr über alles, nicht über Menschen, aber über alles, was sich als Heilsbedingung und Heilshindernis zwischen ihn und Gottes vergebende Güte schieben will; und er ist in dieser Hinsicht niemandem untertan, d.h. er ist auch frei vom Papst, der die Schlüsselgewalt über das Jenseits, über Fegefeuer und Himmel, für sich beanspruchte. Gegen das System des Monopols der Heilsvermittlung durch die Papst- und Priesterkirche stellt Luther die prinzipielle Gottunmittelbarkeit des glaubenden Menschen, jedes Christen und jeder Christin. Er betont die Unmittelbarkeit zu Gottes befreiendem Evangelium. Der Zugang zum Evangelium als dem Schatz der Kirche ist nicht, wie bisher, durch die guten Werke und vermittelt über die Ämter der Kirche gegeben, sondern allein in der Gnade,

---

33 Martin Luther, Von der Freiheit eines Christenmenschen, in: Ausgewählte Schriften I, a.a.O. (Anm. 11), 239.

die das Evangelium allen Glaubenden schenkt. Dieses „neue ‚demokratisierende'
Heiligkeitsverständnis"[34] wurde leitend für die Theologie der Reformatoren.
Was führt zur inneren und äußeren Freiheit? Ich gebe eine knappe, doppelte
Antwort:

1. Allein die Gnade und allein der Glaube: Rechtfertigung heißt: Gott erweist den
   Menschen Treue ohne Voraussetzungen, ohne Vorleistung, gratis, „umsonst"
   (I. U. Dalferth)[35]. Die Nähe Gottes, seine Gemeinschaftstreue wird im Glauben
   angenommen. Dabei ist der Glaube ein empfangenes, ergriffenes Geschenk der
   Gnade Gottes. „Die Seele hat kein anderes Ding, ... worin sie lebt, fromm, frei,
   ...ist, als das heilige Evangelium."[36] Die Seele ist frei im Glauben. „Glaubst du,
   so hast du; glaubst du nicht, so hast du nicht" (ebd. Nr. 9). „Glaube an Christus,
   in dem ich dir alle Gnade, Gerechtigkeit, Fried und Freiheit zusage" (ebd.).
   Glaubst du, so hast du alles: Gnade, Frieden, Freiheit.
2. Christus allein: Nicht in Jesus, dem moralischen Vorbild, sondern in Jesus
   Christus, dem Gekreuzigten, begegnet der wahre Gott und Mensch. Wir sollen,
   sagt Luther, Christus zuerst als „eine Gabe nehmen und [als] ein Geschenk,
   das dir von Gott gegeben"[37] ist, und dann erst als Aufgabe, und wir sollen
   ihn nicht moralisieren und in einen Heiligen verwandeln. Weil Christus den
   Menschen befreit und zum freien Herrn aller Dinge macht – Glaubens- und
   Gewissensfreiheit –, deshalb kann er sich zum dienstbaren Knecht der Menschen machen. Christus befreit zum Glauben und zur Liebe. Darin ist Luthers
   Theologie ganz modernitätskritisch gegen unsere Zeit, die aus Jesus gerne einen vorbildlichen Heiligen macht, aus der Schrift einen Steinbruch und aus
   der Gnade einen Anspruch.

Die Religion der Freiheit ist die allein aus *Gottes* Macht. Insofern ist Luthers
Theologie die schärfste theologische Kritik seiner eigenen Wirkungsgeschichte
und weist darauf hin, Freiheit als eine geistliche, innere Dimension zu begreifen
und nicht in äußerer, politischer, gesellschaftlicher Freiheit, so hochzuschätzen
diese ist, aufgehen zu lassen. Die christliche Freiheit des Glaubens, nicht mehr
und nicht weniger, gilt es zu entdecken, zu feiern, zu leben.

---

34 Berndt Hamm / Michael Welker, Die Reformation. Potentiale der Freiheit, Tübingen
    2008, 56.
35 Ingolf U. Dalferth, Umsonst, Tübingen 2011.
36 Luther, Von der Freiheit eines Christenmenschen (Anm. 11), Nr. 5, 240.
37 Martin Luther, Ein kleiner Unterricht, was man in den Evangelien suchen und erwar-
    ten soll 1522, in: Ders., Erneuerung von Frömmigkeit und Theologie, Ausgewählte
    Schriften II, hg. v. Karin Bornkamm u. Gerhard Ebeling, Frankfurt a.M. 1990, 200.

Mit Luther selbst gesagt: „Aus dem allen ergibt sich die Folgerung, dass ein Christenmensch nicht in sich selbst lebt, sondern in Christus und in seinem Nächsten; in Christus durch den Glauben, im Nächsten durch die Liebe. Durch den Glauben fährt er über sich in Gott, aus Gott fährt er wieder unter sich durch die Liebe und bleibt doch immer in Gott und göttlicher Liebe. [...] Sieh, das ist die rechte, geistliche, christliche Freiheit, die das Herz frei macht von allen Sünden, Gesetzen und Geboten, die alle andere Freiheit übertrifft wie der Himmel die Erde"[38].

Ich fasse zusammen: Vier Freiheitspotentiale der Reformation haben wir nun erkannt, ein direktes aus dem Evangelium (Reformation als Rückbindung) und drei indirekte, über die Aufklärung vermittelt (Reformation als *ecclesia semper reformanda*, als sich immer erneuernde Kirche): Die drei indirekten sind einmal die Glaubens- und Religionsfreiheit *gegenüber* dem Staat, dann zweitens die Gewissensfreiheit des Einzelnen *gegenüber* der Kirche und der Gesellschaft und Öffentlichkeit, drittens die Freiheit der Kirchenstruktur aus dem allgemeinen Priestertum *gegenüber* der Amtskirche, und viertens das direkte reformatorische Freiheitspotential aus dem Evangelium: die Freiheit des Glaubens *gegenüber* und *von* allen totalen Leistungsansprüchen. „Ein Christenmensch ist ein freier Herr aller Dinge und niemandem untertan". Diese Freiheit des Glaubens, die man nicht durch Leistung erwirbt, sondern die als innere, geschenkte Freiheit durch Gott die Menschenwürde begründet, die christliche Freiheit als Gottunmittelbarkeit im freimachenden Evangelium: Das ist das eigentliche, immer neu einzulösende Freiheits-Potential der Reformation.

Literatur

Bayer, Oswald: Reformatorisches und neuzeitliches Freiheitsverständnis im (Konflikt-)Gespräch, in: Hans Christian Knuth / Rainer Rausch (Hg.), Welche Freiheit? Reformation und Neuzeit im Gespräch, Hannover 2013, 123–146.

Becker, Uwe: Freiheit von der Schrift. Luthers Schrifthermeneutik in seiner Vorrede zu den lateinischen Werken (1545), in: Christine Axt-Piscalar / Mareile Lasogga (Hg.), Dimensionen christlicher Freiheit. Beiträge zur Gegenwartsbedeutung der Theologie Luthers, Leipzig 2015, 13–26.

Beuttler, Ulrich u.a.: „Durch geöffnete Tore in das Paradies selbst eintreten." Gottes Gerechtigkeit und die Theologie der Reformation, in: Heike Frauenknecht u.a. (Hg.), Reformationen. Hintergründe, Motive, Wirkungen, Bielefeld 2014, 57–84.

---

38 Luther, Von der Freiheit eines Christenmenschen, a.a.O. (Anm. 33), Nr. 30, 263.

Beuttler, Ulrich: Art. Astronomy VI.C, in: Encyclopedia of the Bible and its Reception, Bd. 2, 1155–1159.

Beuttler, Ulrich: Art. Geozentrisches Weltbild / Art. Heliozentrisches Weltbild / Art. Naturwissenschaft und Religion / Art. Theologie und Naturwissenschaft, alle in: Enzyklopädie der Neuzeit, Stuttgart 2006–2011, Bd. 4, 502–507 / Bd. 5, 371–375 / Bd. 9, 58–64 / Bd. 13, 502.

Beuttler, Ulrich: Freiheit, das Potential der Reformation, in: Deutsches Pfarrerblatt, 117. Jahrgang, Heft September 9/2017, 501–506.

Beuttler, Ulrich: Gott und Raum. Theologie der Weltgegenwart Gottes, Göttingen 2010.

Beuttler, Ulrich: Reformatorische Freiheit, Erlangen 2018.

Beuttler, Ulrich: Streit ums Jubiläum, in: Deutsches Pfarrerblatt, 117. Jahrgang, Heft August 8/2017, 465–466.

Beuttler, Ulrich: Verschiedene Aufgaben. Luthers Zwei-Reiche-Lehre und das Verhältnis von Kirche und Staat, in: Evang. Gemeindeblatt für Württemberg, 109. Jahrgang, Heft 43 vom 26.10.2014, 6–7.

Beuttler, Ulrich: Wem gehört die Reformation? Und was feiern wir 2017? In: Materialdienst des Konfessionskundlichen Instituts Bensheim, 68. Jahrgang, Heft 03, Mai/Juni 2017, 42–46.

…da ist Freiheit (2. Kor 3,17). 500 Jahre Reformation. Ideenheft zur Vorbereitung des Jubiläumsjahres, hrsg. im Auftrag der Evang. Landeskirchen in Württemberg und Baden v. Christiane Kohler-Weiß u. Wolfgang Brjanzew, Stuttgart/Karlsruhe 2016.

Dalferth, Ingolf U.: Umsonst, Tübingen 2011.

Die Bekenntnisschriften der Evangelisch-Lutherischen Kirche (BSLK), Göttingen [11]1992.

Elert, Werner: Morphologie des Luthertums I, München 1931.

Gauck, Joachim: Freiheit. Ein Plädoyer, München [4]2012.

Hamm, Berndt / Welker, Michael: Die Reformation. Potentiale der Freiheit, Tübingen 2008.

Hamm, Berndt / Moeller, Bernd / Wendebourg, Dorothea: Reformationstheorien. Ein kirchenhistorischer Disput über Einheit und Vielfalt der Reformation, Göttingen 1995.

Hegel, G.F.W.: Vorlesungen über die Philosophie der Geschichte, zit. nach: Luther und die Deutschen. Stimmen aus fünf Jahrhunderten, hg. v. Thomas Kaufmann u. Martin Keßler, Stuttgart 2017, 163.

Henning, Gerhard: Cajetan und Luther. Ein historischer Beitrag zur Begegnung von Thomismus und Reformation, Stuttgart 1966.

Holl, Karl: Was verstand Luther unter Religion? In: Ders., Gesammelte Aufsätze zur Kirchengeschichte I. Luther, Tübingen [7]1948, 35.

Jung, Martin: Reformation und konfessionelles Zeitalter (1517–1648), Göttingen 2012.

Kant, Immanuel: Beantwortung der Frage: Was ist Aufklärung, in: Erhardt Bahr (Hg.), Was ist Aufklärung. Thesen und Definitionen, Stuttgart 1980, 9.

Kasper, Walter Kardinal: Martin Luther. Eine ökumenische Perspektive, Ostfildern 2016.

Kaufmann, Thomas: Geschichte der Reformation, Leipzig 2009.

Kirche der Freiheit. Perspektiven für die evangelische Kirche im 21. Jahrhundert. Ein Impulspapier des Rates der EKD, Hannover 2006.

Klueting, Harm: Luther und die Neuzeit, Darmstadt 2011.

Leppin, Volker: Die fremde Reformation. Luthers mystische Wurzeln, München 2017.

Lohse, Bernhard: Luthers Theologie in ihrer historischen Entwicklung und in ihrem systematischen Zusammenhang, Göttingen 1995.

Luther, Martin: An den christlichen Adel deutscher Nation: Von des christlichen Standes Besserung 1520, in: Ausgewählte Schriften I, hg. v. Karin Bornkamm u. Gerhard Ebeling, Frankfurt a.M. 1990, 161.

Luther, Martin: Ein kleiner Unterricht, was man in den Evangelien suchen und erwarten soll 1522, in: Ders., Erneuerung von Frömmigkeit und Theologie, Ausgewählte Schriften II, hg. v. Karin Bornkamm u. Gerhard Ebeling, Frankfurt a.M. 1990, 200.

Luther, Martin: Rede auf dem Reichstag zu Worms 1521, in: Ders., Aufbruch zur Reformation, Ausgewählte Schriften I, hg. v. Karin Bornkamm u. Gerhard Ebeling, Frankfurt a.M. 1990, 269.

Luther, Martin: Von der Freiheit eines Christenmenschen, in: Ausgewählte Schriften I, hg. v. Karin Bornkamm u. Gerhard Ebeling, Frankfurt a.M. 1990, 239.

Luther, Martin: Von weltlicher Obrigkeit, wieweit man ihr Gehorsam schuldig sei 1523, in: Ders., Christsein und weltliches Regiment, Ausgewählte Schriften IV, hg. v. Karin Bornkamm u. Gerhard Ebeling, Frankfurt a.M. 1990, 36–84.

Luther, Martin: Vorrede zum ersten Band der Wittenberger Ausgabe der lateinischen Schriften Luthers 1545, in: Ausgewählte Schriften I, hg. v. Karin Bornkamm u. Gerhard Ebeling, Frankfurt a.M. 1990, 23.

Metzke, Erwin: Sakrament und Metaphysik, Stuttgart 1948.

Nüssel, Friedericke: Reformatorische Grundlagen der Theologie, in: Günter Frank u.a. (Hg.), Wem gehört die Reformation. Nationale und konfessionelle Dispositionen der Reformationsdeutung, Freiburg 2013.

Pollak, Detlef: Protestantismus und Moderne, in: Udo di Fabio / Johannes Schilling (Hg.), Die Weltwirkung der Reformation. Wie der Protestantismus unsere Welt verändert hat, München 2017, 81–118.

Ritter, Joachim: Hegel und die Reformation, in: Ders., Metaphysik und Politik. Studien zu Aristoteles und Hegel, Frankfurt 1969, 310–317.

Schleiermacher, Friedrich: Der christliche Glaube nach den Grundsätzen der evangelischen Kirche im Zusammenhange dargestellt [2]1830, hg. v. Martin Redeker, Berlin 1960, Bd. I.

Zschoch, Hellmut: Martin Luther und die Kirche der Freiheit, in: Werner Zager (Hg.), Martin Luther und die Freiheit, Darmstadt 2010, 25–40.

Christian Herrmann

Gutenberg und sein Erbe: Reformation und Buchdruck

Abstract: This essay unfolds the cultural meaning and innovative impact of Gutenberg's invention. The printing press did not only alter the use and availability of books, especially the Bible, but also their own identity and audience. It will be clear through the concrete examples and publication catalogues of the printers of Strasbourg, Basel, and Tubingen, how the Reformation and Luther's translation of the Bible had an enduring influence on the printing press and the understanding of books.

1. Menge und Nutzen gedruckter Bücher[1]

Der Buchdruck ist ein Geschenk Gottes, so liest man es in einem der ältesten gedruckten Bücher. Die Schlussschrift des 1460 in Mainz gedruckten „Catholicon" (GW 3182) (Inc.fol.2254) weist im Rückblick auf die erfolgte Drucklegung darauf hin. Das Buch wurde von Johannes Gutenberg oder in seinem Umfeld gedruckt.

Abb. 1: Catholicon: Schlussschrift (Inc.fol.2254)

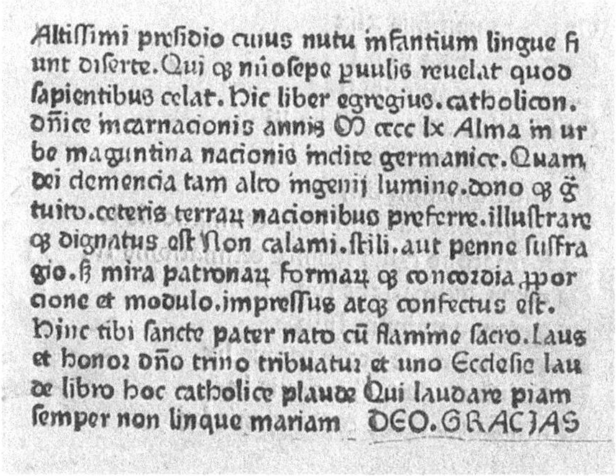
Altissimi presidio cuius nutu infantium lingue fi
unt diserte. Qui q3 nũo sepe puulis reuelat quod
sapientibus celat. Hic liber egregius. catholicon.
dñice incarnacionis annis M cccc lx Alma in ur
be maguntina nacionis indite germanice. Quam
dei clemencia tam alto ingenij lumine. dono q3 grã
tuito. ceteris terra4 nacionibus preferre. illustrare
q3 dignatus est Non calami. stili. aut penne suffra
gio. s3 mira patrona4 forma4 q3 concordia ppor
cione et modulo. impressus atq3 confectus est.
Hinc tibi sancte pater nato cũ flamine sacro. Laus
et honor dño trino tribuatur et uno Ecclesie lau
de libro hoc catholice plaude Qui laudare piam
semper non linque mariam DEO. GRACIAS

1 Gekürzte Fassung eines Vortrags an der BNU Strasbourg (3.4.2017) und auf der Jahrestagung der Karl-Heim-Gesellschaft (27.10.2018). Erstveröffentlichung in: WLB Forum. Veröffentlichungen der Württembergischen Landesbibliothek 2/2017, 33–43. Die Rechte an den Abbildungen liegen beim Autor bzw. der Württembergischen Landesbibliothek.

In deutscher Übersetzung lauten die entscheidenden Zeilen des Schlusses: „Unter dem Beistand des Allerhöchsten (Altissimi praesidio) … ist dieses hervorragende Buch … gedruckt und zustande gebracht worden, und zwar nicht durch das Rohr (calamus), den Griffel (stilus) oder die Feder (penna), sondern durch das bewundernswerte Zusammenpassen (concordia), Verhältnis (proportio) und Maß (modulus) der Urformen (patronae) und Lettern (formae)". In dieser Formulierung werden mehrere Aspekte angesprochen:

- Der Übergang vom Schreiben mit der Hand und mit diversen Schreibwerkzeugen zum Drucken mit Hilfe von Lettern.
- Das Gießen der Lettern in einem Gießinstrument, das den Hohlraum unterschiedlich einstellen kann und dann mit Blei füllt.
- Die Übereinstimmung der Lettern und der durch sie gedruckten Buchstaben. Das ist ein wichtiger Unterschied zu den Handschriften, die stets kleine Nuancen in der Gestaltung derselben Buchstaben aufweisen.
- Es können beliebig viele gleichförmige Lettern gegossen und eingesetzt werden.
- Das Schriftbild ist gleichmäßiger, wirkt proportionaler als bei einer Handschrift. Und derselbe Text lässt sich in derselben Gestalt beliebig oft reproduzieren.

Zusammengenommen musste dies als Wunder betrachtet werden.[2]

---

2   Vgl. dazu: Bömer, Aloys: Die Schlußschrift des Mainzer Catholicon-Drucks von 1460; in: Abb, Gustav (Hrsg.): Von Büchern und Bibliotheken. FS Ernst Kuhnert, Berlin 1928, S. 51–55.

Abb. 2: Narrenschiff (Inc.qt.3745)

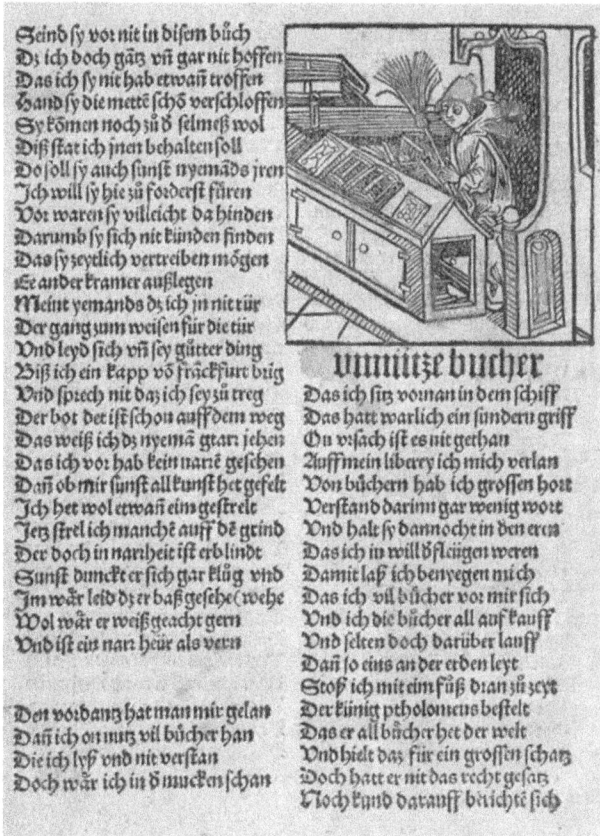

Seind sy vor nit in disem bůch
Dz ich doch gätz vñ gar nit hoffen
Das ich sy nit hab etwañ troffen
Sand sy die mette schö verschlossen
Sy kömen noch zü ö selmeß wol
Diß stat ich jnen behalten soll
Do soll sy auch sunst nyemäds jren
Ich will sy hie zü forderst füren
Vor waren sy villeicht da hinden
Darumb sy sich nit künden finden
Das sy zevtlich vertreiben mögen
Es ander kramer außlegen
Meint yemands dz ich jn nit tür
Der gang zum weisen für die tür
Vnd leyd sich vñ sey gütter ding
Biß ich ein kapp vö frackfurt brig
Vnd sprech nit daz ich sey zü treg
Der bot der ist schon auff dem weg
Das weiß ich dz nyemä gtan jehen
Das ich vor hab kein narrē gesehen
Dañ ob mir sunst all kunst het gefelt
Ich het wol etwañ ein gestrelt
Jetz strel ich manche auff dē grind
Der doch in narrheit ist erblindt
Sunst dunckt er sich gar klüg vñ
Im wär leid dz er baß gesehe (wehe
Wol wär er weiß geacht gern
Vnd ist ein narr heür als vern

Den vorbantz hat man mir gelan
Dañ ich on nutz vil bücher han
Die ich lyß vñ nit verstan
Doch wär ich in ö nucken schan

unnütze bücher

Das ich sitz vornan in dem schiff
Das hatt warlich ein sundern griff
Ou vrsach ist es nit gethan
Auff mein librarey ich mich verlan
Von büchern hab ich grossen hort
Verstand darinn gar wenig wort
Vnd halt sy dannocht in den eren
Das ich in will öfleügen weren
Damit laß ich benyegen mich
Das ich vil bücher vor mir sich
Vnd ich die bücher all auf kauff
Vnd selten doch darüber lauff
Dañ so eins an der erden leyt
Stoß ich mit ein füß dran zü zeyt
Der künig ptholomeus bestelt
Das er all bücher het der welt
Vnd hielt das für ein grossen schatz
Doch hatt er nit das recht gesatz
Noch kund darauff berichte sich

38 Jahre später, in Sebastian Brants „Narrenschiff", Augsburg 1498 (GW 5052) (Inc.qt.3745), wurde der Buchdruck etwas zwiespältiger, ambivalenter gesehen. Der Vorteil des Buchdrucks, die Produktion von Büchern in großer Menge, konnte zugleich zum Nachteil werden, weil die zeitlichen und intellektuellen Kapazitäten der Leser nicht mehr ausreichten, um alles oder auch nur das Wichtigste zu lesen. So setzt das „Narrenschiff" – immerhin selbstkritisch, da ja auch selber ein Buch – mit einem Abschnitt über „unnütze Bücher" ein:

„Dann ich on nutz vil buecher han / Die ich lyß und nit verstan … Von buechern hab ich grossen hort / Verstand darinn gar wenig wort / Vnd halt sy dannocht in den eren" (Bl. a IIII v).

Andererseits wird zum Thema Studium die damals sehr gängige Praxis des Studiums im Ausland kritisiert (Kapitel „Unnütz studieren"). Beliebt waren vor allem die Städte Oberitaliens. Sebastian Brant verweist auf die Möglichkeit, in Deutschland gedruckte Bücher zu lesen und dadurch die Lehre und die Lehrer sozusagen greifbar vor sich zu haben:

> „Woeller will leren in seim land / Der findt yetz buecher aller hand / … Das niemand mag entschuldigen sich / Er wolle dann liegen lasterlich" (Bl. e VI v).

Der Buchdruck erleichtert also das Leben, spart Kosten, macht Wissen schneller zugänglich. Man steht aber in der Versuchung, immer mehr Bücher anzusammeln, sie aber nicht zu lesen oder zu verstehen.

Offensichtlich hat sich durch den Buchdruck ein altes Problem der Herstellung von Texten und des Lesens verschärft. Schon das biblische Buch des Predigers Salomo (Kohelet) verbindet eine Warnung mit einer Aufforderung (12,12–13):

> „Und über dem allen, mein Sohn, lass dich warnen; denn des vielen Büchermachens ist kein Ende, und viel Studieren macht den Leib müde. Lasst uns die Hauptsumme aller Lehre hören: Fürchte Gott und halte seine Gebote …"

Die Menge der Bücher erfordert die Konzentration auf das Wesentliche, die Definition einer „Hauptsumme", eines roten Fadens oder zentralen Gedankens.

Auch der römische Schriftsteller Plinius der Jüngere (ca. 61–114) mahnte, vielleicht weil er selber schriftstellerisch tätig war, nicht vieles im Sinne von vielen (aber womöglich nutzlosen) Büchern zu lesen, sondern viel (im inhaltlichen Sinne):

> „Multum legendum esse, non multa".[3]

Man muss also zwischen einer quantitativen Seite des Buchdrucks und der Lesepraxis und einer qualitativ-inhaltlichen Seite unterscheiden.

Martin Luther war es, der in Deutschland die Gründung von Bibliotheken in Städten und eine gezielte Leseförderung durch die staatlichen Behörden forderte. Allerdings muss man in seiner Schrift an die Ratsherren (1524) seine Begründung genauer ansehen. Luthers Anliegen war nicht das Lesen an sich, sondern das Lesen der Heiligen Schrift. Durch die Begegnung mit dem Wort Gottes beim Lesen der Bibel sollte Glauben entstehen. Dabei kam es auf den

---

3   Plinius Caecilius Secundus, Gaius: Epistulae / Sämtliche Briefe. Lateinisch / Deutsch, hrsg. von Heribert Philips u.a., Stuttgart 1998, S. 470 (VII,9,15).

genauen Wortlaut der Bibel an, weil nach Luthers Überzeugung Gott genau das tun würde, was er wortwörtlich in der Heiligen Schrift zugesagt hat. Also sollte die Bibel in deutscher Übersetzung, aber auch in den klassischen Sprachen in Bibliotheken verfügbar sein, außerdem alle Bücher, die man zum Verstehen der Bibel bzw. der biblischen Sprachen benötigte. Die inhaltliche Relevanz eines Buches sah Luther in dessen Wert für die Erschließung der Bibel begründet, was ihn zur Ablehnung scholastischer wie teilweise auch humanistischer Literatur führte: „... vnd ließ an stat der hailigen schrifft vnd guotter buecher / den Aristotelen kommen mit vnzelichen *schedlichen buechern / die vns nur ymmer weyter von der Biblien füreten"*.[4]

Luther förderte einerseits den Buchdruck und den Aufbau von Bibliotheken. Andererseits war ihm an einer bestimmten inhaltlichen Ausrichtung, am Zweck der Unterstützung des Glaubens gelegen. Die Kombination von Menge gedruckter Bücher einerseits, deren Nutzen für die Ziele der Reformation andererseits deutet an, wie sich dann tatsächlich der Buchdruck durch die Reformation gegenüber den Verhältnissen vor dem Jahr 1517 verändern sollte.

2. Innovationsdruck und Gutenbergs Erfindung

Hinter dem Zusammenhang von Quantität und Qualität deutet sich als weiterer Aspekt der Zeitkontext an, durch den die Erfindung und Entwicklung des Buchdrucks beeinflusst wurde. Das gilt erstens für die größere Nachfrage nach Büchern. Bis zum 13. Jahrhundert wurde vor allem in Klöstern sowie in der staatlichen Verwaltung, teilweise noch im Handel geschrieben. Im Verlauf des 14. und vor allem des 15. Jahrhunderts entstanden jedoch Universitäten mit Studenten und Dozenten, die nicht notwendig Geistliche oder Ordensmitglieder waren. Die älteste deutsche Universität in Heidelberg wurde 1386 gegründet. Kurz danach folgten Köln und Erfurt. Die Sorbonne in Paris ist noch älter und geht auf den Anfang des 13. Jahrhunderts zurück. Das Lehrpersonal verfasste Standardwerke und brauchte Nachschlagewerke, z.B. Rechtsquellen. Eine Art Lehrbuchsammlung für Studenten mit Hilfe von Handschriften aufzubauen ist nicht einfach. Man entwickelte dafür Maßnahmen zu einer rationelleren Produktion: So wurden z.B. die Handschriften auf viele kleinere Teile aufgegliedert und an Schreiber verteilt, die den jeweils ausgeliehenen Teil abschrieben. So konnten parallel mehrere

---

4   Luther, Martin: An die Radtherren aller Stette teutsches lands Das sy Christliche schülen auffrichten vnd hallten sollen, Augsburg: Philipp Ulhart d.Ä., 1524 (Signatur WLB Stuttgart: Theol.qt.K.714), Bl. D II v (Hervorheb. C.H.).

Abschriften derselben Handschrift erstellt und aus den Einzelteilen zusammengesetzt werden.

Hinzu kam die Gründung der intellektuell anspruchsvollen Bettelorden (z.B. Franziskaner, Dominikaner, Augustiner), die in Städten angesiedelt waren. Die Städte gewannen an Bedeutung und kamen durch Handwerk und Handel zu gewissem Reichtum. Es entstand ein selbstbewusstes Bürgertum, das zunehmend auf Bildung Wert legte. Die Entdeckung byzantinischer Handschriften, die von griechischen Flüchtlingen nach Italien mitgebracht wurden, gab der allgemeinen Begeisterung für die Antike Nahrung. Gerade das städtische Bürgertum öffnete sich für die neuen Bewegungen der Renaissance und des Humanismus. Die antiken Klassiker wurden neben theologischer und juristischer Literatur immer wichtiger und konnten im Verfahren der Handschriftenproduktion kaum in der gewünschten Stückzahl und Gestaltung hergestellt werden. Hinzu kamen im 15. Jahrhundert geistliche Bewegungen wie die Devotio moderna und neue Kontroversthemen wie die Frage, ob der päpstlichen Zentralgewalt oder den Konzilien die Funktion als letzte Instanz im kirchlichen Leben zukommen sollte. Auch diese Entwicklung erhöhte die Nachfrage nach Büchern und den Innovationsdruck für technische Verbesserungen.

Eine Maßnahme war ab ca. 1400, statt Pergament in der Regel Papier als Beschreibmaterial zu verwenden.

In der Renaissance wurde das Individuum als solches, nicht nur als Teil einer größeren Gemeinschaft wichtig. Das hatte Auswirkungen auch auf die Gestaltung von Büchern. Insbesondere für lateinische Texte griffen die Humanisten auf die Schriftgestalt der karolingischen Minuskel zurück, die sie als Übertragung der altrömischen Schrift in Kleinbuchstaben betrachteten. Als Neuerung entstand die „alte", die „Antiqua"-Schrift, weil das Alte, also aus der Antike kommende, als das Ursprüngliche, Unverdorbene und Bessere galt.

Das Selbstbewusstsein des Bürgertums erkennt man z.B. an Einbänden, auf denen sich die Buchbinder namentlich nennen. So nennt sich Johannes Richenbach aus Geislingen auf einigen seiner Einbände (z.B. Inc.fol.471(2)). Allgemein werden einzelne Buchstaben schon vor Gutenberg im Pressverfahren mit Stempeln auf Lederbezüge von Einbänden gedruckt, um den Titel eines Werkes zu bezeichnen:

Abb. 3: Richenbach-Einband (Inc.fol.471(2))

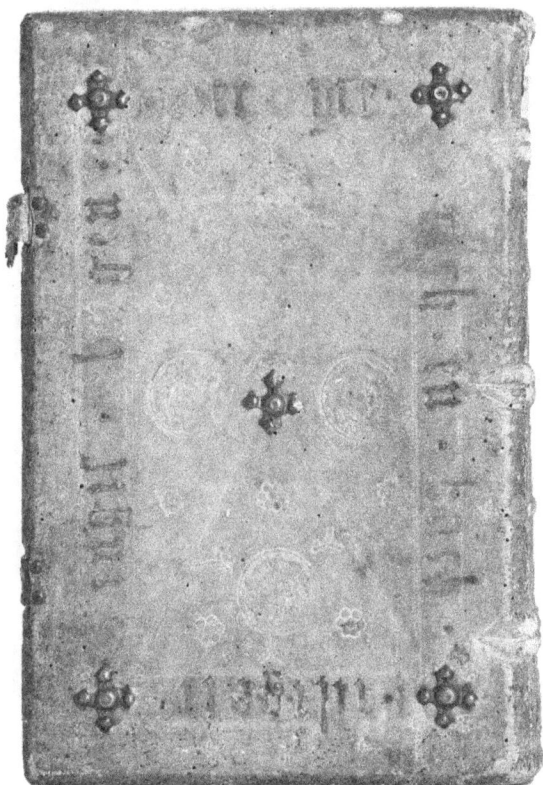

Die christliche Volkserziehung konnte zumal in den Städten nicht allein von den Klöstern übernommen werden. Wegen beschränkter Lesefertigkeit, aber auch aus didaktischen Gründen vermittelte die Kunst einen Ansatzpunkt zur Weitergabe des Glaubens. Um Bilder in großer Menge herstellen zu können, wurde bereits vor dem Buchdruck der Holzschnitt erfunden. Zur Hilfestellung für die Kleriker wurden zu den Bildern kurze textliche Erläuterungen hinzugefügt. In die Holztafeln wurden die Texte spiegelverkehrt hineingeritzt und als Textblöcke und technisch wie die eigentlichen Bilder gedruckt. Der Holztafeldruck mit kombinierten Text-Bild-Motiven war eine Frühform des Buchdrucks (z.B. Xyl.Inc.4).

Abb. 4: Biblia pauperum (Xyl.Inc.4)

Johannes Gutenberg (1400–1468) war der Erfinder des Buchdrucks. Aber seine Erfindung bestand in der geschickten Kombination von Elementen, die einzeln schon vorher bekannt waren. Das Druckverfahren als solches gab es schon in der Verzierung von Einbänden und im Holztafeldruck mit Texten als Holzschnitt. Bei der Einbandverzierung druckte man auch die Buchstaben einzeln mit Stempeln auf das Leder. Und selbst für das Gussverfahren gab es Vorbilder, nämlich bei der Herstellung von Pilgerzeichen. Neu an Gutenbergs Verfahren war, einzelne Lettern aus Metall zu gießen und in beliebiger Kombination in eine Druckplatte einzuspannen. Außerdem konnten wie bei der rationellen Handschriftenproduktion parallel verschiedene Teile eines Werkes vervielfältigt und dann zusammengesetzt werden. Das Maß der Vervielfältigung war allerdings um ein Vielfaches höher als bei den Handschriften. Es konnten nun auch aufwendige Werke rationell und in höheren Stückzahlen produziert werden. Das gilt gerade für die zweiundvierzigzeilige Bibel (B 42), die als Gutenbergbibel bekannt wurde. Es handelt sich um eine Prachtausgabe in Textura-Schrift. Mit der Auswahl der Schriftart, aber auch mit Abkürzungen und Buchstaben-Verbindungen wurde im Buchdruck die Praxis der Handschriften nachgeahmt. Der Satzspiegel sollte möglichst symmetrisch, feierlich und geordnet wirken. Dadurch brachte Gutenberg seine Ehrfurcht vor Inhalt und Zweck des gedruckten Buches, also der Bibel, zum Ausdruck. Er wusste aber auch, dass auf dem Buchmarkt eine Nachfrage nach solch einer Ausgabe vorhanden war. Kommerzielle, inhaltliche und emotionale Aspekte der Buchproduktion verbanden sich bereits bei Gutenberg.

Abb. 5: Gutenberg-Bibel (Bb lat.1454 01)

3. Reformation als Einschnitt für den Buchdruck

Die Entwicklung der Buchproduktion spiegelt immer auch Veränderungen im geistig-kulturellen Umfeld wider. Als Beispiel könnte man die Zahl der in Straßburg gedruckten Ausgaben im Vergleich zur Gesamtproduktion im damaligen deutschen Sprachraum heranziehen (laut Angaben in VD 16[5]):

Zeitabschnitt	Straßburg: Ausgaben	Deutsches Reich: Ausgaben	Anteil Straßburgs an Gesamtproduktion
1501–1510	547	3.711	14,7%
1511–1520	921 (davon 1518–1520: 324)	6.077 (davon 1518–1520: 2.679)	15,2% (1518–1520: 12,1%)
1521–1530	1.306	11.310	11,5%
1531–1540	661	7.662	8,6%
1541–1550	565	8.930	6,3%

Aus der Tabelle lassen sich mehrere Tendenzen ablesen. Mit dem Beginn der Kontroversen um die Reformation nahm die Buchproduktion sprunghaft zu. Wer seine Gedanken möglichst großflächig verbreiten konnte, gewann die Oberhand. Bemerkenswert war, dass in den drei letzten Jahren des Jahrzehnts von 1511 bis 1520 mehr als ein Drittel gedruckt wurde. Ihren Höchststand erreichte die Buchproduktion in den Jahren 1521 bis 1530, als mit immer wieder neuen Schriften zu den unterschiedlichen Teilaspekten der Theologie und entsprechenden Gegenschriften versucht wurde, der eigenen Position zum Durchbruch zu verhelfen. Zum Gegensatz zwischen Luther und den Anhängern des Papstes kamen die Kontroversen innerhalb der Reformation zwischen den Anhängern Luthers, den Schweizer Reformatoren und den Täufern bzw. Spiritualisten hinzu. Am geringer werdenden Marktanteil Straßburgs ist abzulesen, dass neben den traditionellen Druckorten bzw. Werkstätten immer weitere entstanden und dort auch immer mehr Schriften gedruckt wurden. Reformatorisches Schriftgut versprach einen guten Absatz und so wurde der Buchdruck immer lukrativer.

In den Jahren ab 1531 nahm die Zahl der Ausgaben weiter ab bzw. blieb auf einem gegenüber dem Jahrzehnt 1521–1530 deutlich geringeren Niveau. Das lag an einer gewissen Sättigung des Marktes, aber auch daran, dass sich die Reformation in vielen Territorien und freien Reichsstädten durchgesetzt hatte. Es bedurfte nun eher ausführlicherer Werke wie Kirchenordnungen, Bibeln und Lehrbücher

---

5   http://www.gateway-bayern.de/index_vd16.html.

zur Konsolidierung, weniger aber knapper Streitschriften für die unmittelbare Bekämpfung der theologischen Gegner.

Die Ende 1517 entstandene Flugschrift Luthers „Ein Sermon von Ablaß und Gnade" wurde ab 1518 in 23 oberdeutschen und zwei niederdeutschen Ausgaben gedruckt. Die Folge der Ausgaben war dabei sehr dicht und verteilte sich auf mehrere Druckorte innerhalb weniger Jahre. Flugschriften lebten von ihrem Aktualitätsgrad.[6] Selbst die Freiheitsschrift (1520) erreichte nur 21 deutsche Ausgaben zu Lebzeiten Luthers, wurde allerdings als grundlegende Programmschrift noch bis 1531 nachgedruckt.[7]

Bei den Bibelausgaben verlief die Buchproduktion mit größerer Kontinuität. Sie dienten eher der Konsolidierung der reformatorischen Theologie und Frömmigkeit. Insgesamt erschienen von 1522 bis 1546 ca. 430 Gesamt- und Teilausgaben der Lutherbibel in etwa einer halben Million Exemplaren, davon im Spitzenjahr 1524 allein 49 Ausgaben.[8]

Aufschlussreich ist auch ein Blick auf Sprache und Inhalt der Bibelausgaben[9]:

Sprache	Gesamtzahl Ausgaben	Vollbibeln	Neues Testament	Andere Teilausgaben	Illustrierte Ausgaben
Latein: bis 1522	210	56%	4%	40% (davon 24% Psalmen)	38,8%
Latein: 1523–1530	63	30%	32%	38% (davon 9,5% Psalmen)	61,9%
Deutsch: bis 1522	Ca. 60	Ca. 25%	Ca. 5%	Ca. 70% (v.a. Plenarien; 7% Psalmen)	66,7%
Deutsch: 1523–1530	156	14%	26%	60% (davon 6% Psalmen)	63,5%

---

6   Benzing, Josef / Claus, Helmut: Lutherbibliographie. Verzeichnis der gedruckten Schriften Martin Luthers bis zu dessen Tod, Baden-Baden 21989, Nr. 90–114.

7   Vgl. Benzing, Lutherbibliographie, Nr. 734–754.

8   Vgl. Reinitzer, Heimo: Biblia deutsch. Luthers Bibelübersetzung und ihre Tradition, Ausstellungskataloge der Herzog-August-Bibliothek 40, Hamburg 1983, S. 111.

9   Bezogen auf: Heitzmann, Christian u.a.: Die Bibelsammlung der Württembergischen Landesbibliothek Stuttgart, 1. Abt., Bd. 4/1: Lateinische Bibeldrucke 1454–1564, Stuttgart 2002. Strohm, Stefan u.a.: Die Bibelsammlung der Württembergischen Landesbibliothek Stuttgart, 2. Abt., Bd. 1: Deutsche Bibeldrucke 1466–1600, Stuttgart 1987.

Volkssprachliche Bibelausgaben wurden mit der Reformation und insbesondere nach Erscheinen von Luthers Septembertestament (1522) wichtiger als lateinische Ausgaben. Die Reformation wirkte sich aber auch auf den lateinischen Bibeldruck insofern aus, als jetzt vermehrt Separatausgaben einer lateinischen Übersetzung aus der griechischen Ausgabe des Erasmus, aber auch aus der Vulgata gedruckt wurden. Unter den sonstigen Teilausgaben nahm die Bedeutung der Psalmen und Plenarien mit den Schriftlesungstexten ab. Die Bibel hatte nun nicht mehr nur eine Bedeutung in ihrem liturgischen Gebrauch für den Gottesdienst der Gemeinde oder das Stundengebet der Klöster. Vielmehr wurden alle Teile der Bibel, auch die Schriften des Alten Testaments, für die persönliche Frömmigkeit des einzelnen Christen wichtig. Der prozentuale Anteil an Bibelausgaben, die durch Holzschnitte illustriert wurden, blieb im Bereich des volkssprachlichen Bibeldrucks vor und nach der Reformation etwa gleich. Hier schloss sich die Reformation mit der Tatsache der Verwendung von Illustrationen an die Tradition an, veränderte allerdings teilweise deren Stil und Zweck.

4. Veränderungen in Zielgruppe und Gestaltung gedruckter Bücher

Mit der Reformation kam es zu einigen Verschiebungen in der Zielgruppe und Gestaltung der gedruckten Werke. Die Humanisten hatten die Gebildeten im Blick und wollten durch die Neuedition antiker Klassiker und Kirchenvätertexte zur Bildung beitragen. Es ging ihnen um die literarisch gebildete Öffentlichkeit.

Deutsche Übersetzungen wurden für solche Werke erstellt, die nicht der Schulung im Sprachvermögen und der Vermittlung antiker Philosophie dienten. Vielmehr waren es moralische Lehrschriften in literarischer Gestalt oder chronistische Bücher. Das war eher die Ausnahme in der humanistischen Buchproduktion.

Abb. 6: Schedelsche Weltchronik (Inc.fol.14510)

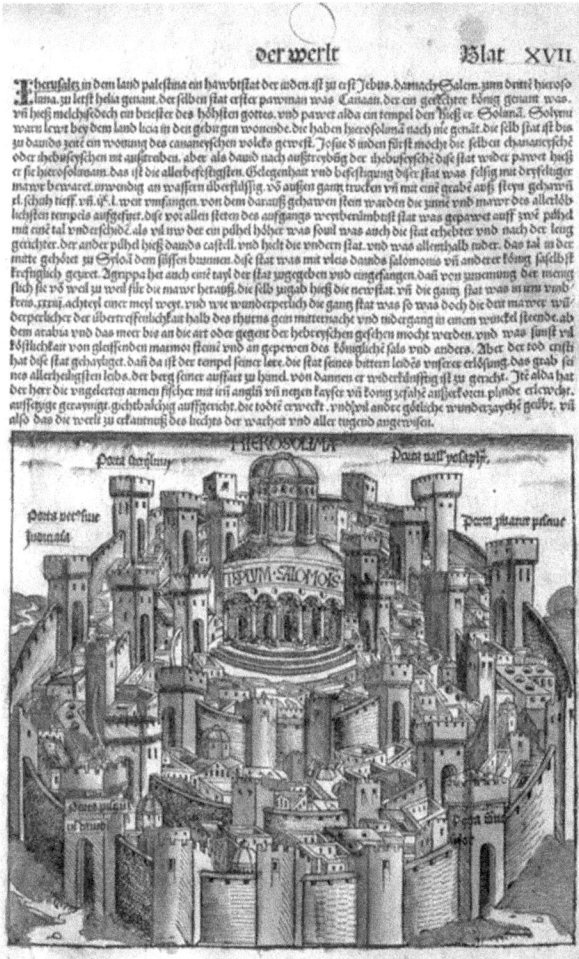

Der Anteil deutschsprachiger Literatur stieg dagegen in der Reformationszeit stark an. So sind für den Zeitraum 1521 bis 1540 im Südwestdeutschen Bibliotheksverbund (SWB) 2.760 Luther-Ausgaben nachgewiesen, davon 2.033 in deutscher Sprache (73,4%). Zielgruppe war nicht nur die Schicht der Gebildeten, sondern die gesamte Bevölkerung. Den Humanisten ging es vorrangig um Elitenbildung, Erziehung zu einem tugendhaften Leben oder intellektuelle Vergeistigung. Die Reformatoren strebten dagegen, obwohl auch humanistisch gebildet, nach der Glaubenserkenntnis der Menschen. Erlösung und ewiges Leben hingen daran, dass die Menschen das Wort Gottes lesen, sich seiner Wirkung aussetzen, es vom Inhalt her verstehen, aber auch auf die Wirklichkeit dieses Inhalts vertrauen bzw. davon erfasst werden. Um das Wort Gottes als Ausgangspunkt und Norm für theologische Erkenntnis und Glaubensleben im Alltag musste gerungen werden. Das konnte nur in einer volkssprachlichen Fassung sowohl der Bibel als auch der theologischen Auseinandersetzungen geschehen. Die theologischen Diskussionen wurden bewusst von den Universitäten auf die Straße getragen. Und die theologischen Themen beherrschten in der Frühzeit der Reformation den Buchdruck.

Die Veränderungen sind auch zu beobachten bei den Gegnern der Reformation. Als Beispiel könnte man hier Johannes Cochlaeus (1479–1552) nennen. Bis 1520 publizierte er laut VD16 27 philosophische und philologische Werke und zwar ausschließlich in lateinischer Sprache. Dann zwang ihn die zugespitzte Papstkritik Luthers dazu, seine thematischen Schwerpunkte neu zu bestimmen und auch auf Deutsch zu schreiben. Nach 1520 überwogen die theologischen Werke bei weitem alle anderen Themen in seiner schriftstellerischen Tätigkeit. Für die Zeit von 1521 bis 1540 sind von Cochlaeus 188 Ausgaben im VD16 dokumentiert, davon 86 (45,7%) in deutscher Sprache.

Die humanistischen Schriften widmeten sich eher der sachlich-gelehrten Analyse. Die Reformation dagegen löste heftige Kontroversen aus, weil ihr Fokus auf der Frage nach dem Heil bzw. nach Glaubensgewissheit und ewigem Leben lag und damit jeden Menschen betraf. Der Drucker Ulrich Morhart brachte in Tübingen von 1523 bis 1534 105 Werke heraus. Davon betrafen 64 Titel (61%) theologische Themen. Ein solches Gewicht konnte die Theologie erst durch die Reformation gewinnen.

Die Illustrationen dienten in der frühen Reformationszeit anders als vorher auch der polemischen Zuspitzung (z.B. Papst als Antichrist im Septembertestament).

Abb. 7: Septembertestament (Bb deutsch 1522 01)

Gelegentlich wurden biblische Personen wie Luther dargestellt. Damit wollten die Künstler andeuten, dass sich die biblische Heilsgeschichte im Auftreten Luthers wiederhole bzw. vollende.

Die Titelblätter konnten programmatisch den Kern der biblischen Botschaft zum Ausdruck bringen. Bekannt ist das Titelblatt der Wittenberger Lutherbibeln ab 1541. Dort stehen sich in zwei Bildhälften Sündenfall / Gericht / Gesetz einerseits und Erlösung / Christus / Evangelium andererseits gegenüber:

Abb. 8: Titelholzschnitt zur Heilsgeschichte (Bb deutsch 1545 02)

Charakteristisch für den Buchdruck der Reformation wurden Widmungsbilder und Widmungsvorreden für Herrscher, vor allem in Bibelausgaben. Ohne die Förderung durch Fürsten und Ratsmitglieder der freien Reichsstädte hätte sich die Reformation nicht durchsetzen können.

Die Humanisten forderten den Rückgang zu den Quellen (ad fontes), d.h. zur klassischen Antike. Die Zeit zwischen der heidnischen bzw. christlichen Antike und der Renaissance im 15. und 16. Jahrhundert betrachtete man als Phase des Niedergangs und der Verfälschung.

Das Anliegen, zu den Ursprüngen zurückzugehen, vertraten auch die Reformatoren. Das gilt auch für die Elementarisierung, die Konzentration auf das Wesentliche, das mit der Befreiung von dem als Ballast empfundenen Lehrgebäude der Scholastik einherging. Aber im Unterschied zu den Humanisten sollte die

Sprachforschung der Theologie dienen. Die Konzentration auf das Wesentliche meinte nicht die Rückkehr zur Antike an sich, sondern zur Heiligen Schrift in den Ursprachen. Das „Ad fontes" führte im Rahmen der Reformation zu dem vierfachen Allein: „Allein die Schrift" (Sola Scriptura), „Allein Christus" (Solus Christus), „Allein durch den Glauben" (Sola fide), „Allein die Gnade" (Sola Gratia). Und die Typographie übernahm zunehmend weniger ästhetische als didaktische Funktionen mit dem Ziel der Glaubensvermittlung.

Bei den Psalmen ging es weniger um den philologischen Mehrwert einer präzisen Neuausgabe in hebräischer oder griechischer Sprache bzw. einer lateinischen Übersetzung. Vielmehr waren die tägliche Lektüre und der Verweis auf Christus wichtig. Die Bibel sollte als Lesebuch ein Lebensbuch sein. Summarien und Randkommentare sollten auf den für die Gottesbeziehung wesentlichen Gehalt hinweisen.

Abb. 9–10: Summarium und Textseite einer Psalmen-Ausgabe Luthers (B deutsch 1544 01)

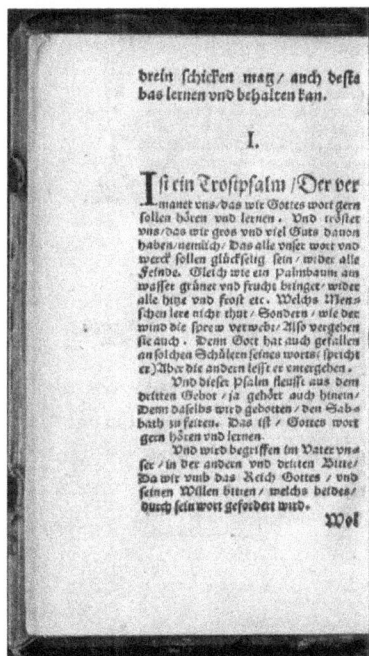

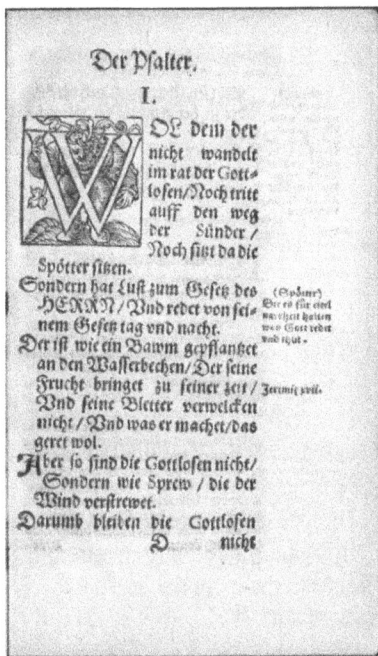

Mit Mitteln der Typographie wurde in Wittenberger Lutherbibel ab 1543 der Unterschied zwischen Gesetz und Evangelium verdeutlicht. Mit Großbuchstaben in Antiqua-Schrift eingeleitete Abschnitte handeln von Gesetz, Sünde, Tod. Mit Großbuchstaben in Fraktur beginnende Abschnitte dagegen betreffen Gnade und Erlösung:

5. Profil des Buchdrucks in verschiedenen Druckorten

Wie unterschiedlich sich der Buchdruck in der frühen Reformationszeit trotz allgemeiner Tendenzen gestalten konnte, wird im Vergleich dreier Druckorte deutlich, nämlich von Straßburg, Basel und Tübingen.

Straßburg

Straßburg hatte im 15. und 16. Jahrhundert durch Handel und Handwerk einen gewissen Wohlstand erlangt. Es gab dort einen gut vernetzten Kreis humanistischer Gelehrter. Straßburg gehörte schon lange vor der Reformation zu den bedeutendsten Zentren des Buchdrucks. Der Buchdruck erlebte zwar durch die Reformation einen Aufschwung, aber doch in geringerem Maße als anderswo. Das gilt etwa für Ausgaben der Schriften Luthers.

Jahre	Straßburg: Luther-Ausgaben	Wittenberg: Luther-Ausgaben	Deutsches Sprachgebiet: Luther-Ausgaben
1518–1520	34 (= 5,9%)	117 (= 20,2%)	578
1521–1530	254 (= 10,9%)	570 (= 24,3%)	2.340
1531–1540	50 (= 6,3%)	381 (= 48,1%)	792
1541–1550	38 (= 5,1%)	255 (= 34,5%)	739

Die Wittenberger Luther-Drucke hatten einen offiziellen Status. In Wittenberger Lutherbibeln wurde sogar seit 1541 eine Warnung Luthers vor dem Nachdruck abgedruckt. Für Wittenberg stellten die Luther-Drucke und überhaupt die Reformation einen zentralen Bestandteil der Buchproduktion dar. In Straßburg erschienen zwischen 1519 und 1560 immerhin 818 protestantische Drucke, davon etwa zu 80% in deutscher Sprache. Man war stärker auf den regionalen Absatzmarkt und auf ein breiteres Publikum ausgerichtet. Neben Luther wurden auch Werke regional wichtiger reformatorischer Theologen gedruckt: z.B. Martin Bucer (1521–1550: 75 Ausgaben), Wolfgang Capito (35 Drucke), Caspar Hedio (50 Drucke). Auch Werke der von Luther bekämpften Täufer und Spiritualisten konnten in Straßburg erscheinen, z.B. von Caspar Schwenckfeld (22 Drucke). Allerdings war es nach der offiziellen Einführung der Reformation in Straßburg 1524 zunächst nicht mehr möglich, katholische, reformationskritische Literatur zu drucken.

Zum volksnahen Ansatz der Straßburger Drucker gehört auch, dass sie in stärkerem Maße als Werkstätten anderer Orte ihre Bücher mit Illustrationen ausstatten ließen. Auch Luther-Schriften wie die lateinische und deutsche Fassung von „De captivitate Babylonica" (1520) wurden mit Bildnissen Luthers ausgestattet, um mit der Art und Weise der Darstellung eine inhaltliche Aussage über den Autor vermitteln zu können:

Abb. 11: Luther-Bildnis (Theol.qt.K.653)

Die Aufwertung des weltlichen Berufs durch Luther ging über die Hochschätzung des Individuums durch die Renaissance hinaus. So fühlten sich die meisten Straßburger Drucker sowie Künstler von der Reformation angesprochen. Allein Johannes Grüninger (ca. 1455–1531) blieb katholisch.

Basel

Ganz anders war die Situation in Basel. Dort wurden von 1518 bis 1550 zwar
175 Ausgaben von Schriften Luthers gedruckt, allerdings 541 Erasmus-Drucke
herausgebracht. Beim einflussreichsten Drucker Johannes Froben (ca. 1460–1527)
erschienen von 1513 bis 1527 insgesamt 320 Drucke; davon waren jedoch nur 2
in deutscher Sprache verfasst, der Rest in Latein, Griechisch oder Hebräisch. Die
konfessionelle Zuordnung der Autoren zumal der zahlreichen philologischen,
medizinischen und naturwissenschaftlichen Werke war breit gestreut. Das gilt
auch für die theologischen Schriften, unter denen sich auch solche von Autoren
befinden, die sowohl in reformatorischen als auch katholischen Kreisen mit Skep-
sis betrachtet wurden wie z.B. Sebastian Castellio (1515–1563).

Abb. 12: Erasmus-Ausgabe des Neuen Testaments (Bb griech. 1519 01)

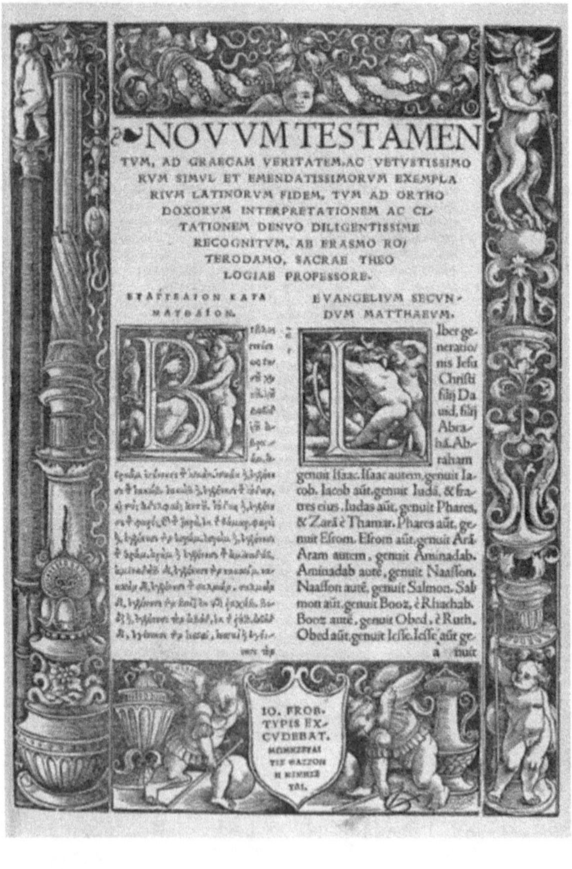

Basel war das Zentrum humanistischer Forschung und Buchproduktion. Dieser Funktion wurde von den Gelehrten eine höhere Priorität eingeräumt als der eindeutigen Parteinahme für die Reformation. Sowohl die reformatorischen Theologen als auch ihre Gegner profitierten von den altsprachlichen Basler Bibelausgaben. Indirekt profitierte der Basler Buchdruck allerdings von der gestiegenen Nachfrage nach Bibeln und philologischen Werken, weil die Kontroverse um die Reformation auch ein Streit um die richtige Auslegung der Bibel und deren angemessene Übersetzung war.

Tübingen

Das Beispiel von Tübingen zeigt, wie der Buchdruck auch durch die Kritiker der Reformation gefördert wurde. In Württemberg wurde die Reformation durch Herzog Ulrich erst 1534 eingeführt. Seit 1522 war das Land von den Habsburgern besetzt. Staatliche Aufträge und der Druck reformationskritischer Literatur, für die es einen gewissen Abnehmerkreis gab, sicherten dem einzigen württembergischen Drucker dieser Zeit, Ulrich Morhart (ca. 1490–1554), seit 1523 in Tübingen, sein Auskommen. Von Morhart sind für die Erscheinungsjahre 1523 bis 1534 im VD16 105 Drucke dokumentiert. Davon lassen sich 47 Schriften durch Autor oder Inhalt eindeutig dem Spektrum katholischer Kontroverstheologie zuordnen (44,8% der Gesamtproduktion, 73,4% der theologischen Titel). Die wenigen Luther-Schriften, die Morhart druckte, erschienen ohne Hinweis auf den Drucker und betrafen konfessionell weniger kontroverse Themen wie den Bauernkrieg. Dass unter katholischer Oberherrschaft überhaupt Werke Luthers gedruckt werden konnten, zeigt allerdings auch, wie asymmetrisch die Nachfragesituation zugunsten der Reformation verschoben war. Ohne staatliches Wohlwollen konnten keine entschieden reformatorischen Werke gedruckt werden, allerdings auch keine entschieden reformationskritischen. Die Reformation veränderte die Rahmenbedingungen des Buchdrucks insofern, dass zu der faktischen Nachfrage die inhaltliche Grundentscheidung der Staatsorgane für eine konfessionelle Ausrichtung als Voraussetzung für den Druck eines bestimmten Werkes oder Autors hinzukam.

6. Das Proprium der Reformation

Manche Historiker haben Zweifel daran, ob man zwischen dem Spätmittelalter und der Neuzeit solch scharfe Trennlinien ziehen kann, wie das durch

Epochenbegriffe meist geschieht.[10] Oft wird die Reformation als Beginn der (frühen) Neuzeit betrachtet. Wie im Humanismus, so könnte man auch bei der Reformation ein Zueinander von Traditionsverbundenheit und Neuerung aufdecken. Die Reformatoren, allen voran Luther, sahen sich aber nicht als Vertreter einer neuen Epoche, sondern als Erneuerer, die etwas Ursprüngliches wieder beleben wollten. Wenn man nach dem unterscheidenden Merkmal der Reformation sowohl gegenüber dem „Mittelalter" als auch gegenüber dem Humanismus frägt, so ist es die zentrale Stellung der Bibel. Die Verbindung von Gelehrsamkeit und Frömmigkeit führte manche Humanisten wie den gerade für das Oberrhein-Gebiet bedeutenden Theologen Johannes Heynlin von Stein (ca. 1430–1496) ins Kloster.[11] Ähnliches gilt für Luther in der Zeit vor der Reformation. Das Neue der reformatorischen Erkenntnis besteht darin, dass Gelehrsamkeit wie Frömmigkeit nicht an sich schon gut sind, sondern einer Urteilsinstanz unterzogen werden. Der von Hans Sebald Beham (1500–1550) angefertigte Titelholzschnitt einer 1526 in Nürnberg erschienenen Ausgabe des Neuen Testaments Luthers deutet an, worum es geht: Luther sitzt hier in Gelehrtentracht am Schreibpult – wohl bei der Übersetzung der Bibel –, richtet den Blick auf ein Kruzifix und wird inspiriert durch den als Taube dargestellten Heiligen Geist. So wurde Luther nicht einfach als belesen, sondern als durch die Heilige Schrift belehrt und vom Heiligen Geist geleitet dargestellt. Luther verstand sich als „doctor bibliae".[12] Die Bibel wurde als Begründung wie Korrektiv für Gelehrsamkeit und Frömmigkeit herausgestellt.

---

10 Vgl. Hamm, Berndt: Der Oberrhein als geistige Region von 1450 bis 1520; in: Christ-von Wedel, Christine u.a. (Hrsg.): Basel als Zentrum des geistigen Austauschs in der frühen Reformationszeit, Tübingen 2014, S. 3–50, hier S. 3f.

11 Dazu Hamm, Oberrhein, S. 15.

12 WATR (Tischreden) 1,16,6.

Abb. 13: Luther als frommer Gelehrter (B deutsch 1526 04)

Wenn aber die Bibel und zwar in deutscher Übersetzung der entscheidende Bezugspunkt ist, eröffnet sich auch für den einfachen Christen eine spezifische Art von Gelehrsamkeit. Es ist eine Form von Mündigkeit, von Herzens- und Persönlichkeitsbildung, von Urteilsfähigkeit durch Bindung an die Heilige Schrift. Man muss dann nicht in ein Kloster eintreten, um fromm zu sein, sondern kann inmitten des Alltags in Beruf und Familie durch ein Leben mit der Bibel fromm sein. Man muss auch nicht notwendig die Klassiker der Antike oder die scholastischen Theologen des Mittelalters gelesen haben, um zu einem angemessenen Urteil in theologischen Fragen zu kommen. Vielmehr sollten alle bisherigen Bildungsinhalte ausgerichtet sein auf das Studium der Heiligen Schrift, das zugleich jedem Christ aufgegeben ist. So trug Luther mit der Bibelübersetzung und trugen die Drucker mit der massenhaften Verbreitung der Lutherbibel zu einer Popularisierung von Bildung bei. Nicht mehr die Klöster, sondern die Bibliotheken und die Privathaushalte mit ihren Hausbibeln wurden nun zum primären Ort von Bildung. Diese wurde wie im Mittelalter als *christliche* Bildung verstanden, anders als im Mittelalter jedoch vornehmlich als *biblische* Bildung. Die Bibel wurde zum Lebensbuch, das die Menschen im Alltag begleitete.

Es war nicht zufällig eine Bibel, die Gutenberg als erstes Buch druckte. Gutenberg lieferte die technischen Möglichkeiten zur Verbreitung der Bibel wie jedes anderen Buches in großer Stückzahl. Damit aber gerade die Bibel in dem Maße wie dann geschehen gedruckt wurde, bedurfte es eines weiteren Schubes. Dieser kam durch die Erkenntnis der Reformation zustande, dass der Glaube durch die Begegnung mit dem Wort Gottes und das heißt mit der Bibel entsteht und besteht. So führte die Reformation zu einer ungeheuren publizistischen Kraftanstrengung und zu einer unglaublichen Steigerung des Buchdrucks. Zugleich thematisierte sie die Frage nach Prioritäten und Kriterien. Die Reformation brachte eine Konzentration auf die Bibel als Zentrum des Buchdrucks mit sich. Und ihr theologischer Ansatz motivierte zum volkssprachlichen Buchdruck. So gesehen hat die Reformation das Erbe Gutenbergs weiter entwickelt.

Literatur

Benzing, Josef / Claus, Helmut: Lutherbibliographie. Verzeichnis der gedruckten Schriften Martin Luthers bis zu dessen Tod, Baden-Baden [2]1989.

Bömer, Aloys: Die Schlußschrift des Mainzer Catholicon-Drucks von 1460; in: Abb, Gustav (Hg.): Von Büchern und Bibliotheken. FS Ernst Kuhnert, Berlin 1928, 51–55.

Hamm, Berndt: Der Oberrhein als geistige Region von 1450 bis 1520, in: Christ-von Wedel, Christine u.a. (Hg.): Basel als Zentrum des geistigen Austauschs in der frühen Reformationszeit, Tübingen 2014, 3–50.

Heitzmann, Christian u.a.: Die Bibelsammlung der Württembergischen Landesbibliothek Stuttgart, 1. Abt., Bd. 4/1: Lateinische Bibeldrucke 1454–1564, Stuttgart 2002.

Hermann, Christian: Gutenberg und sein Erbe. Reformation und Buchdruck, in: Veröffentlichungen der Württembergischen Landesbibliothek 2/2017, 33–43.

Luther, Martin: An die Radtherren aller Stette teutsches lands Das sy Christliche schülen aufrichten vnd hallten sollen, Augsburg: Philipp Ulhart d.Ä., 1524 (Signatur WLB Stuttgart: Theol.qt.K.714), Bl. D II v.

Luther, Martin: Weimarer Ausgabe Tischreden (WATR), Weimar 1886ff.

Plinius Caecilius Secundus, Gaius: Epistulae / Sämtliche Briefe. Lateinisch / Deutsch, hg. von Heribert Philips u.a., Stuttgart 1998.

Reinitzer, Heimo: Biblia deutsch. Luthers Bibelübersetzung und ihre Tradition, Ausstellungskataloge der Herzog-August-Bibliothek 40, Hamburg 1983.

Strohm, Stefan u.a.: Die Bibelsammlung der Württembergischen Landesbibliothek Stuttgart, 2. Abt., Bd. 1: Deutsche Bibeldrucke 1466–1600, Stuttgart 1987.

Elke Hemminger

Unendlich viel seltsamer: Digitale Lebenswelten und die Frage nach der Wirklichkeit

Abstract: Sociology is a discipline for skeptics, a discipline that makes the familiar strange. One of the classical topics for sociological analysis is the question of what is considered to be reality in a social context. In times of post-truth discussions and the decline of belief in scientific data, the mechanisms of a construction of individual life-worlds and realities gain a particular relevance. Digital media and digitally created environments are an essential element in this construction and are, by now, part of most people's everyday lives. This paper offers a discussion of the complex issue drawing both on empirical data and theoretical concepts in order to identify basic perspectives on reality in a media saturated society.

1. Zur Einführung

Die Soziologie ist die Wissenschaft der Zweifler, die all das, was uns im Alltag selbstverständlich erscheint, in Frage stellt. Nicht zuletzt die gesellschaftlichen und individuellen Festlegungen darüber, was wahr oder wirklich sein soll, gehören zu den klassischen Themen dieser Analysen. In Zeiten, in denen Wirklichkeit und Wahrheit scheinbar jedem Zugriff ausgesetzt sind und wissenschaftliche Erkenntnisse öffentlich mit einem Lächeln abgetan werden, gewinnt die Frage danach, wie sich individuelle Lebenswelten (und damit auch die gesellschaftliche Wirklichkeit) konstituieren, neue Relevanz. Dabei spielen digitale Medien und die daraus hervorgegangenen digitalen Räume eine entscheidende Rolle, denn Erfahrungen, Kommunikation und Interaktion finden zu erheblichem Ausmaß in ebendiesen Räumen statt. Die Intensität aber, mit der sich Individuen in digitalen Lebenswelten bewegen, ist sehr unterschiedlich. Insbesondere (aber bei weitem nicht nur und nicht jeder) Jugendliche, verbringen viel Zeit auf Kommunikations- plattformen oder in digitalen Spielwelten. Viele berufliche Tätigkeiten erfordern ständige Verfügbarkeit für digitale Kommunikation, Lehrprozesse finden teilweise in digitalen Lernumgebungen statt. Auch der Konsum von Nachrichtenmeldun- gen ist zu einem großen Teil in digitale Räume übergegangen[1]. Für einen Teil der

---

1 Vgl. Birgit van Eimeren / Wolfgang Koch Ergebnisse der ARD/ZDF-Onlinestudie 2015. Nachrichtenkonsum im Netz steigt an – auch klassische Medien profitieren,

Menschen bleiben digitale Räume jedoch weiterhin unzugänglich, sei es aus Furcht vor Überforderung, mangelnden Zugangsmöglichkeiten oder aus einer bewussten Entscheidung heraus, sich einer gesellschaftlichen Entwicklung zu entziehen.

Aufbauend auf empirischen Daten zur Mediatisierung fragt dieser Artikel nach den Herausforderungen, denen sich Gesellschaft und Individuum in Zeiten der Mediatisierung stellen müssen. Nicht zuletzt geht es dabei auch um die Frage, wie ‚wirklich' digitale Räume sind und ob sie unsere Wahrnehmung von Wirklichkeit verändern. Viel beachtete theoretische Ansätze, u.a. von Peter L. Berger und Thomas Luckmann, Jean Baudrillard und Zygmunt Baumann, geben Einblicke in übergeordnete gesellschaftliche Wandlungsprozesse und bilden somit die Grundlage für die Diskussion unterschiedlichster Perspektiven. Welche Risiken und Chancen bringen digitale Lebensräume mit sich und sind diese wirklich neuartig? Welche Gestaltungsfreiheiten haben wir in digitalen Räumen und wo sollte die Verantwortung für diese Gestaltung liegen? Damit hängt am Ende auch die grundlegende Frage zusammen, welche Art von Gesellschaft wir für erstrebenswert halten. Denn eines scheint festzustehen: digitale Medien sind fester Bestandteil des gesamtgesellschaftlichen Alltags, die neu erschaffenen Räume ebenso. Letztlich müssen wir damit umgehen.

2. Begriffsbestimmungen

Da sich die Soziologie mit der sozialen Wirklichkeit, und damit häufig mit Phänomen befasst, die alltäglich und bekannt erscheinen, muss zu Beginn einer soziologischen Annäherung stets die Klärung grundlegender Begriffe in Abgrenzung von der Alltagssprache stehen. Somit ist die Frage nach dem Gegenstand der Analyse der Ausgangspunkt für die weiteren Ausführungen.

Schauen wir zunächst digitale Medien allgemein an, bevor der Begriff der virtuellen Welten näher erläutert wird. Digitale Medien sind nicht nur in ihrer sachlichen Ausprägung als Geräte alltäglich und nahezu überall präsent, sondern spielen auch in politischen, akademischen oder kulturellen Diskursen eine große Rolle. Ob auf Wahlplakaten, in Entwicklungsstrategien großer Institutionen oder in Kunstausstellungen – die Chancen und Herausforderungen einer digital geprägten Gesellschaft sind allgegenwärtiges Thema. Trotzdem ist das Phänomen der Digitalisierung und damit die Definition des Begriffs ‚digitale Medien' derart komplex, dass nicht selten unklar bleibt, wovon in alltäglichen Zusammenhängen genau die Rede ist. Wenn die FDP mit dem Slogan „Digital First. Bedenken

---

in: Media Perspektiven 5/2016, 277–285; auf: http://www.ard-zdf-onlinestudie.de/ files/2015/05-2016_van_Eimeren_Koch__1_.pdf (13.8.2018).

Second" zur Bundestagswahl antritt, soll dies vermutlich auf den Ausbau notwendiger Strukturen und die Unterstützung unternehmerischer Innovationsideen im Bereich der Digitalisierung hinweisen. Wenn der japanische Performancekünstler Hitoyo Nakano mit seiner Ausstellung ‚black box' für kilometerlange Schlangen sorgt und einen hysterischen Hype um die Installation auslöst, dann nicht weil er für zügigen Ausbau von Glasfaserkabelversorgung wirbt, sondern weil er mit der Anonymität, der unsicheren Identität und der Unkontrollierbarkeit in digitalen Lebenswelten spielt[2].

Was also sind digitale Medien? Digitale Medien wurden bis vor wenigen Jahren gerne als Neue Medien bezeichnet. Neu war insbesondere die Vielfalt, aber auch der Wechsel von analog zu digital und nicht zuletzt die ungeheure Dynamik in der Entwicklung von Technologien und Funktionen. Inzwischen ist das, was noch vor wenigen Jahren als neuartig empfunden wurde, beständiger Teil des Alltags der meisten Menschen geworden. Unter digitalen Medien wird ganz allgemein ein System vernetzter Teilsysteme verstanden, das aus unterschiedlichen Werkzeugen der Kommunikation aufgebaut ist. Dazu zählen nicht nur die technologischen Produkte und Geräte, sondern auch die darin verarbeiteten Technologien, die unterschiedlichen Formate, sowie die zugehörigen Institutionen, die die Nutzung ermöglichen und kontrollieren, wie beispielsweise Mobilfunkanbieter. Kennzeichen des Systems ist die grundsätzlich dezentralisierte Organisation (die sich durch die Monopolisierung bei bestimmten Institutionen teilweise auflösen kann), die dynamische Entwicklung und die interaktive Organisation[3]. Dabei spielen insbesondere die wachsende Mobilität der Datennutzung und die starke Medienkonvergenz[4] eine Rolle, die zu teilweise rasanten gesellschaftlichen Veränderungen führen.

Eng verknüpft mit dem Begriff der digitalen Medien ist der Begriff der Mediatisierung[5] (vgl. Krotz 2007). Das Konzept versucht die oben beschriebenen Prozesse

---

2   Vgl. https://www.opendemocracy.net/hitoyo-nakano/tokyos-black-box-exhibition-creates-stir (13.8.2018).
3   Vgl. Martin Lister / Jon Dovey / Seth Giddings / Iain Grant / Kieran Kelly, New Media. A Critical Introduction, London/New York 2003; Lev Manovich, New Media. A Critical Introduction, Cambridge, MA/London 2001.
4   Unter Medienkonvergenz versteht man das teilweise Zusammenfallen verschiedener Einzelmedien, beispielsweise die übergreifende Nutzung verschiedener Technologien, Produkte und Formate im Smartphone, aber auch die Vermarktung von literarischen Vorlagen als Filmproduktion, Videospiel und Modeprodukten.
5   Vgl. Friedrich Krotz, Mediatisierung. Fallstudien zum Wandel von Kommunikation, Wiesbaden 2007.

und Phänomene zu fassen, indem es von einem sogenannten Metaprozess gesellschaftlichen Wandels ausgeht, in dem sich vielschichtige Veränderungen im
sozialen, technologischen und kulturellen Bereich vereinen. Dieser Prozess der
Mediatisierung steht in wechselseitiger Abhängigkeit zu anderen Metaprozessen
sozialen Wandels wie der Individualisierung, Pluralisierung und Globalisierung[6].
Das Konstrukt der Mediatisierung beschreibt die weitreichende Durchdringung
aller Lebensbereiche durch digitale Medien und die damit einhergehenden
Entwicklungen. Darunter fallen unter anderem die Verbreitung des Internets
in privaten Haushalten, die wachsende Medienkonvergenz und die immer viel-
fältigeren Anforderungen im Umgang mit digitalen Medien, wie beispielsweise
veränderte Kommunikationspraktiken und der Umgang mit den Auswirkungen
auf Sozialisationsprozesse.

Dabei ist die Mediatisierung gleichzeitig Bedingung und Ergebnis anderer
Metaprozesse gesellschaftlichen Wandels. So wird zum Beispiel Globalisierung
verstanden als ein sozialer Wandlungsprozess, in dessen Zuge sich traditionelle
Grenzen zwischen Nationen und Kulturen auflösen und die Bedeutung kultureller
Rahmungen abnimmt. Globalisierung in ihrem gegenwärtigen Ausmaß ist nicht
denkbar ohne den massiven Einfluss des Internets, das es einzelnen Menschen,
aber auch Institutionen, Unternehmen und Gruppierungen ermöglicht, mediale
Inhalte auf der ganzen Welt schnell und kostengünstig zu verbreiten. Auf der
anderen Seite kann auch der enorme Einfluss der Medieninhalte nur aus dem Verständnis für eine globalisierte Gesellschaft heraus erklärt werden, die Grenzüber-
schreitungen zulässt; eine globalisierte Gesellschaft, in der die Kindheit rund um
den Globus von Harry Potter geprägt ist und eine Fußballweltmeisterschaft Menschen auf allen Kontinenten in ihrer Begeisterung für ein Spiel zusammenführt.

Ähnlich verhält es sich auch mit der Pluralisierung der Gesellschaft, in der
eine Fülle an Möglichkeiten zur Lebensgestaltung zur Verfügung steht. Bestärkt
von der pausenlosen Unterbreitung der vielfältigen Wahlmöglichkeiten in den
digitalen Medien können sich Menschen in ihrem persönlichen Lebensstil, ihren
religiösen Zugehörigkeiten und sozialen Bindungen ständig neu erfinden, Selbst-
darstellungen konstruieren und medial verbreiten; gleichzeitig kann die Option
(oder der Zwang), aus den digital bereitgestellten Möglichkeiten auszuwählen,
nur existieren als das Ergebnis schwindender Verbindlichkeit von traditionellen Grenzen und ererbten Vorgaben für die individuelle Lebensgestaltung. Digitale Medien, aber auch innovative Technologien insgesamt, fördern nicht nur
die räumliche, sondern auch die zeitliche und soziale Entgrenzung alltäglicher

---

6   Vgl. ebd., 27.

Lebensgestaltung. Dies lässt sich besonders eindrücklich in den sogenannten virtuellen Welten von Online-Spielen wie World of Warcraft beobachten, in denen über alle nationalstaatlichen Grenzen hinweg zu allen Tages- und Nachtzeiten Menschen verschiedenster Altersgruppen und sozialer Herkunft interagieren[7].

In der mediatisierten Gesellschaft werden Kommunikation und soziale Interaktion zunehmend von digitalen Medien beeinflusst, aber auch mit ihrer Hilfe ausgeführt. In der Folge wird das Konzept der Mediatisierung wichtig für die Betrachtung der Prozesse, mit denen soziale Wirklichkeit konstruiert wird: Wenn Mediatisierung im Sinne von Krotz „als basaler Prozess in Gesellschaft und Kultur, aber auch als basaler Prozess im Alltag und als Bedingung für die Konstitution des Individuums und seiner Identität sowie seiner von ihm konstruierten und interpretierten Welt und Wirklichkeit"[8] verstanden wird, dient sie als Erweiterung des klassischen Konzepts einer sozialen Konstruktion von Wirklichkeit[9] und betont, wie sehr gesellschaftliche Entwicklungen, aber auch individuelles Handeln und soziale Interaktionen von digitalen Medien geprägt sind. Um Näheres darüber zu erfahren, wie sich Mediatisierung tatsächlich in der sozialen Wirklichkeit ausprägt, hilft ein Blick auf einschlägige Studien.

3. Empirische Annäherung

Erste Einblicke in die komplexe soziale Praxis im Zusammenhang mit Mediatisierung bieten die Ergebnisse quantitativer Erhebungen, wie beispielsweise der jährlich durch den Medienpädagogischen Forschungsverbund Südwest durchgeführten JIM- (12- bis 19-Jährige) und KIM- (6- bis 13-Jährige) Studien (seit 2012 auch der MiniKIM zu 2- bis 5-Jährigen), die Basisdaten zur Mediennutzung von Kindern und Jugendlichen erheben und auswerten. Der Fokus liegt hierbei auf der Verbreitung und Häufigkeit der Nutzung spezifischer Geräte, Technologien und Formate. Die so gewonnenen Daten geben Aufschluss darüber, welche Geräte beispielsweise Jugendliche selbst besitzen, wofür sie diese am häufigsten nutzen und welche Unterschiede zwischen den Geschlechtern oder auch den besuchten Schularten auftreten. So zeigte beispielsweise die JIM Studie 2016, dass mit 97 Prozent praktisch jeder 12- bis 19-Jährige ein eigenes Mobiltelefon besitzt, bei

---

7   Vgl. Elke Hemminger, Spielraum, Lernraum, Lebensraum: Digitale Spiele zwischen gesellschaftlichem Diskurs und individueller Spielerfahrung, in: merz Wissenschaft, 06/2016.

8   Krotz, a.a.O., 17.

9   Vgl. Berger, Peter L./Luckmann, Thomas: Die gesellschaftliche Konstruktion der Wirklichkeit, Frankfurt a.M. 1969 (222009).

95 Prozent handelt es sich dabei um ein Smartphone mit Touchscreen und Internetzugang. Die Unterschiede bezüglich des Medienbesitzes von Mädchen und Jungen sind über die Jahre weitgehend konstant. Die deutlichste Differenz tritt bei der stationären Spielkonsole auf, die bei Jungen (58%) fast doppelt so häufig vorkommt wie bei Mädchen (32%). Im Vergleich mit den Zahlen des Vorjahres wird deutlich, dass der Eigenbesitz der Jugendlichen bei einigen Geräten rückläufig ist, was sich beispielsweise bei MP3-Playern (-9 PP) und Digitalkameras (-5 PP) zeigt. An diesem Punkt werden auch die Grenzen der quantitativen Daten deutlich, denn wenn es um die Frage der Gründe und Kausalzusammenhänge geht, liefert die JIM-Studie keine Daten. Die Studien befassen sich mit Häufigkeiten, nicht mit Fragen persönlicher Bedeutungszuschreibungen oder detaillierten Nutzerprofilen, sodass für die Analyse derartiger Fragestellungen andere Datensätze, aber auch andere Erhebungs- und Auswertungsmethoden herangezogen werden müssen.

Ähnlich verhält es sich mit anderen quantitativen Studien, die zwar hilfreiche Daten liefern, aber regelmäßig auch in den Medien überinterpretiert werden. Wenn die US-amerikanische Mobile User Habits Survey 2013[10] zu dem Ergebnis kommt, dass 12% der erwachsenen US-Amerikaner ihr Smartphone regelmäßig beim Duschen, 19% an einem Ort der Besinnung und 9% beim Sex in Verwendung haben, so ist trotzdem eine Schlagzeile mit dem Inhalt, Smartphones würden Beziehungen zerstören, in keiner Weise wissenschaftlich fundiert. Die Erhebung hat dazu keine Daten und kann keine Daten dazu haben. Die Mobile User Habits Survey befragt jährlich US-Amerikaner über 18 Jahre zu ihren Gewohnheiten bezüglich der Mediennutzung. Dabei werden Häufigkeiten erhoben, keine Kausalzusammenhänge untersucht oder individuelle Bedeutungsunterschiede analysiert. Dennoch entstehen aus den Ergebnissen häufig Schlagzeilen, die medienwirksam sind und die öffentliche Meinung mitbestimmen. So titelte Fokus Online im Jahr 2013: „Ohne Handy geht gar nichts – vor allem die Amerikaner haben ihr Smartphone immer dabei. Eine neue Studie zeigt: Jeder Achte telefoniert beim Duschen, jeder Fünfte nutzt sein Handy sogar beim Sex."[11] Der kurze Artikel schließt mit der Feststellung: „Damit kann das Mobiltelefon zu einem echten Beziehungskiller werden: Zwölf Prozent der Befragten sehen das so. Denn jeder Dritte nutzt der Studie zufolge auch bei einem Dinner-Date sein Handy."[12]

---

10 auf: http://pages.jumio.com/rs/jumio/images/Jumio%20-%20Mobile%20Consumer%20Habits%20Study-2.pdf (10.10.2016).
11 auf: http://www.focus.de/digital/handy/us-studie-zur-smartphone-nutzung-amis-telefonieren-beim-sex-und-unter-dusche_aid_1041860.html (10.10.2016).
12 Ebd.

Der aus den Daten konstruierte Zusammenhang, der hier nahegelegt wird, ist eine wissenschaftlich nicht zulässige Schlussfolgerung. Tatsächlich müssten andere Fragen gestellt, andere Methoden angewandt werden, um derartige Thesen überhaupt aufstellen zu können – wobei auch dann verallgemeinernd solche Aussagen kaum getroffen werden können.

Interessant vor allem im Zusammenhang mit dem Einfluss digitaler Medien auf die Wahrnehmung welt- und regionalpolitischer und sozialer Themen ist die Nutzung von Nachrichten im Internet. Hier zeigt sich seit Jahren ein stetiger Anstieg des Anteils der NutzerInnen, die Nachrichten im Internet konsumieren. Schon 2015 verzeichnete die ARD/ZDF Online Studie[13] einen Anstieg derjenigen KonsumentInnen, die täglich oder mehrmals wöchentlich Nachrichten im Internet abrufen. 25% der Gesamtbevölkerung (also diejenigen mit eingerechnet, die überhaupt kein Internet nutzen), taten dies 2015 täglich, was einem Anstieg um 5% gegenüber dem Vorjahr entsprach[14]. Noch deutlicher wird der Anstieg, wenn man nach Altersstufen unterscheidet; so nutzt die Altersstufe der 50–69-Jährigen im Jahr 2015 zu 27% täglich das Internet zum Abruf von Nachrichten, im Vorjahr lag der Anteil noch bei 19%. Im Jahr 2016 gaben laut Statista[15] bereits 45% der Deutschen an, täglich oder nahezu täglich Nachrichten aus dem Internet abzurufen.

Beachtet man in diesem Zusammenhang die Tatsache, dass intelligente und allgegenwärtige Algorithmen im Netz nicht nur beeinflussen, welche Nachrichten angezeigt werden, sondern diese Nachrichten zumindest theoretisch auch je nach Nutzungsprofil des Konsumenten unterschiedlich angepasst sein können, ergibt sich ein enormes Potential des Einflusses auf die Meinungsbildung einzelner NutzerInnen, aber auch gesellschaftlicher Gruppierungen, durch die digitalen Medien. Allerdings beschränkt sich die Nutzung des Internets für viele Menschen nicht auf den Konsum von Nachrichten, sondern beinhaltet noch ganz andere Aktivitäten.

4. Die Konstruktion von Wirklichkeit in Online-Communities

Ein Beispiel, wie Forschung sich anhand von Mixed-Methods-Studien mit Fragen nach individuellen Bedeutungszuschreibungen oder möglichen Wechselwirkungen und Kausalzusammenhängen befassen kann, wird im Folgenden am Beispiel einer Studie vorgestellt, die den Fokus auf sogenannte virtuelle Welten

---

13 Vgl. Anm. 1.
14 Ebd. 278.
15 Vgl. https://de.statista.com/statistik/daten/studie/544881/umfrage/taeglich-genutzte-nachrichtenquellen-in-deutschland/ (13.8.2018).

und Online-Communities legt[16]. Daher soll zunächst geklärt werden, welche Phänomene darunter im Sinne der Studie zu verstehen sind.

Unter dem Begriff „virtuelle Welten" werden üblicherweise verschiedenste Phänomene zusammengefasst, die tatsächlich nur wenige gemeinsame Merkmale aufweisen. Letztlich lässt sich sagen, dass „virtuelle Welten" computerbasierte, simulierte Umgebungen bezeichnen, die von mehreren Nutzern gleichzeitig, oft in Form von sogenannten Avataren[17], besucht werden können. Richard Bartle, ein Pionier der Internet- und Game Studies, definiert virtuelle Welten als automatisierte, geteilte, persistente Umgebungen, mit welchen und in denen Menschen interagieren können, in Echtzeit und durch virtuelle Avatare repräsentiert[18]. Häufig sind im Alltagsgebrauch die Spielwelten digitaler (Online-)Spiele, der MMORPGs (Massively Multi-Player Online Roleplaying Games), gemeint, also digitale, serverbasierte Spielwelten, in denen sich tausende von Spielerinnen und Spielern gleichzeitig bewegen. Prinzipiell ist der Begriff jedoch nicht auf Spielwelten beschränkt, sondern kann ebenso textbasierte Umgebungen (wie in den von Richard Battle maßgeblich mitentwickelten text-basierten MUDs), rein grafische Darstellungen oder auch Live-Video-Repräsentationen umfassen, vorausgesetzt, dass die Partizipation und Aktivität der Beteiligten ermöglicht ist.

Im Folgenden werden beispielhaft die Ergebnisse einer Mixed-Methods-Studie vorgestellt, die sich mit den Nutzern und Nutzerinnen dieser „virtuellen Welten" befasst und diese als Teil von Online-Communities untersucht. Dabei geht die Studie davon aus, dass die Gemeinschaften, die sich online formieren, ähnlichen Dynamiken und Prozessen folgen, die von anderen Gemeinschaften bekannt sind. Allerdings gilt es auch, gewisse Unterschiede zu beachten, beispielsweise Besonderheiten in der Wahrnehmungsmöglichkeit des Gegenübers in der Online-Community oder die veränderten Kommunikationsbedingungen[19].

Die erhobenen Daten stammen aus der Analyse von Fanforen, YouTube-Kanälen, Facebook-Seiten und den offiziellen Webseiten digitaler Spiele wie World of Warcraft und Lord of the Rings Online. Die Internetseiten wurden als Texte

---

16 Vgl. Elke Hemminger, Digitale Konstruktion von Wirklichkeit? Online Fan Communities im Web 2.0. Positionen. Was Frauen Forschen, Publikation des VBWW zur Verleihung des Maria Gräfin von Linden Preis, 2013.

17 Als Avatar bezeichnet man die computersimulierte Figur, mit der sich eine Person in einer „virtuellen Welt" bewegt und handelt. Der Ausgestaltung solcher Avatare sind kaum Grenzen gesetzt und insbesondere im Online Rollenspiel ist bereits die Auswahl und Gestaltung des Avatars ein wichtiger Teil des Spiels selbst.

18 Vgl. Richard Bartle, Designing Virtual Worlds, Indianapolis 2003.

19 Vgl. Hemminger 2013, a.a.O.

analysiert und nach den Prinzipien der Qualitativen Inhaltsanalyse untersucht. Ergänzend dazu wurden in einem zweiten Schritt Tiefeninterviews durchgeführt, denen ein kreativer Vorgang im Sinne von „creative visual research"[20] voranging. Durch diesen Methodenmix können nicht nur explizite Informationen, sondern auch implizites Wissen, Bedeutungen und emotionale Zuschreibungen erhoben werden. Durch die kreative Darstellung, beispielsweise der Bedeutung einer bestimmten virtuellen Welt und der darin bestehenden sozialen Beziehungen, werden Inhalte visualisiert, die im Gespräch schwer in Worte zu fassen sind oder bislang von den Betroffenen wenig reflektiert wurden. So werden Informationen gewonnen, die zur Beschreibung eines gesellschaftlichen Phänomens beitragen, aber keine Aussagen über Gruppengrößen oder etwa die statistische Relevanz für die Gesamtbevölkerung in Deutschland zulassen.

Die Relevanz der Daten liegt auf einer anderen Ebene: Die Studie stellt Daten zur Verfügung, die Aussagen über die individuelle Bedeutung von Online-Gemeinschaften und die darin bestehenden Interaktionen ermöglichen und somit Schlussfolgerungen zulassen, die sich im Blick auf soziales Handeln in unserer Gesellschaft verallgemeinern lassen. Dabei können insbesondere die von Berger und Luckmann beschriebenen Prozesse der sozialen Konstruktion von Wirklichkeit in Mikroform beobachtet und analysiert werden. Da in virtuellen Welten Spuren hinterlassen werden – in Form von Text, aber auch von Bildern und Ton – gewinnt man Zugang zu nachvollziehbaren Prozessen dieser Konstruktion. So lässt sich nachzeichnen und zeitgenau belegen, wie auf die Externalisation, also die öffentliche Äußerung eines Individuums (zum Beispiel das Posten einer Erfahrung oder eines Bildes auf Facebook oder eines Eintrags im Chatforum einer Community), die Objektivation folgen kann. Dies kann verschiedene Formen haben, letztendlich zeigt sich die Objektivation jedoch darin, dass eine ursprünglich subjektive Erfahrung oder subjektives Wissen zu gesellschaftlicher Wirklichkeit wird, die auch anderen Menschen begreiflich ist. Wird in einem dritten Schritt aus diesen Erfahrungen ein gesellschaftlich festgelegter Prozess, spricht man von Institutionalisierung (ebd.).

Die vorgestellte Studie macht es möglich, diese komplexen Prozesse nachzuzeichnen, sie zu analysieren und zusätzlich ihre Bedeutung für die Beteiligten zu untersuchen und so ein umfassendes Verständnis dafür zu entwickeln, wie soziale (und somit auch digitale) Wirklichkeit und entsprechendes Wissen konstruiert werden. Dies bedeutet keinesfalls, dass quantitative Daten, wie sie beispielsweise

---

20 Vgl. David Gauntlett, Making Media Studies. The Creativity Turn in Media and Communications Studies, New York 2015.

die JIM-Studie erhebt, von geringerer Wichtigkeit sind. Vielmehr bilden sie den
Ausgangspunkt für komplexe Fragestellungen, die nur auf der Basis des statisti-
schen Abbilds sozialer Gegebenheiten entwickelt werden können. Im Zusammen-
spiel werden quantitative und qualitative Daten besonders wertvoll und können
in die Bearbeitung gesellschaftlich relevanter Fragen einfließen.

Ein weiteres Beispiel stellt eine Studie dar, die die sogenannten ‚iPeople', also
Fans der Marke Apple, als technikfokussierte Szenegänger untersucht. Aufbauend
auf Konzepte zur posttraditionalen Vergemeinschaftung, wurden Szenemerkmale
identifiziert und systematisch analysiert. Dabei kamen methodisch qualitative
Interviews, Techniken der Lebensweltanalyse, und quantitative Forenanalysen
zum Einsatz[21]. In einem Studierendenprojekt sollte dabei der zentralen Frage
nachgegangen werden, ob sich um die Marke Apple und deren Produkte eine
Gemeinschaft formiert und ob diese eher als lose Fangemeinschaft oder als soziologische Szene zu beschreiben wäre[22]. Auf diese Weise konnten umfangreiche Daten darüber gesammelt werden, durch welche Faktoren sich die Gemeinschaft der
iPeople zusammengehörig fühlt und inwiefern sie sich teilweise als reine online
Gemeinschaft formiert[23] (Hemminger 2016a). Letztlich sind derartige (Online-)
Gemeinschaften ein Beispiel dafür, dass die Mediatisierung in Kombination mit
anderen technologischen Fortschritten neuartige soziale Phänomene hervor-
bringt, die es zu analysieren und zu verstehen gilt.

Nicht weniger relevant als die empirische Auseinandersetzung mit den gesellschaftlichen Veränderungen, die die Mediatisierung im Rahmen anderer Wandlungsprozesse mit sich bringt, ist die theoretische Bearbeitung der Thematik.

5. Ein klassischer Verdacht

Die Frage nach der Wirklichkeit ist – gegründet auf zahlreichen philosophischen
Vorläufern – ein klassisches Thema der Sozialwissenschaften. Bereits um das Jahr
100 n.C. formulierte der griechische Philosoph Epiktet in seinem Handbuch der
Moral, es seien „nicht die Dinge selbst, (…), sondern die Vorstellung von den
Dingen"[24], die uns Angst machten. Es ist ein klassischer Verdacht, der besagt, dass
Wirklichkeit nicht unbedingt ‚wahr' sein muss, aber sie dennoch wirkmächtig

---

21 Vgl. Elke Hemminger, Elke: Zwischen Kult und Kommerz: Die iPeople als technikfo-
     kussierte Szene. Ein Studierendenprojekt, in: merz. Medien und Erziehung 1/2016.
22 Ronald Hitzler / Arne Niederbacher, Leben in Szenen. Formen juveniler Vergemein-
     schaftung heute, Berlin/Heidelberg/New York 2010.
23 Hemminger, 2016a.
24 Epiktet, Handbuch des moralischen Lebens, eClassica 2018, 5.

ist. Die Sozialwissenschaften legten dazu vielfältige theoretische und empirische Abhandlungen vor, von denen im Folgenden einige kurz dargestellt werden sollen. Sowohl Emile Durkheim als auch Max Weber sprachen in ihren Schriften, aus ihren jeweils unterschiedlichen Perspektiven heraus, von soziologischen Tatbeständen, die die gesellschaftliche Wirklichkeit ausmachen[25], und von Sinnzusammenhängen des Handelns, die die individuelle Wirklichkeit ausmachen[26]. Beide waren sich selbstverständlich auch der Wechselwirkungen der Mikro- und Makroperspektive bewusst. In dieser Tradition hat auch Sigmund Freud gedacht, als er feststellte, dass seine Patientinnen zwar unter erdachten, aber trotzdem wirksamen Traumata litten[27], ein Phänomen, das später als sogenanntes Thomas-Theorem bekannt und genauer untersucht wurde: Wenn Menschen die Situationen als real definieren, sind auch die Folgen real, zu diesem Schluss kamen die Autoren, die dem Phänomen den Namen gaben (Dorothy Swaine Thomas und William Isaac Thomas 1928)[28]. In der Folge entwickelten Peter L. Berger und Thomas Luckmann ihre, inzwischen zum sozialwissenschaftlichen Klassiker avancierte, Analyse zur sozialen Konstruktion von Wirklichkeit[29]. Wirklichkeit entsteht da, wo Gewissheit herrscht, nämlich die Gewissheit, dass Phänomene wirklich sind, so eine der zentralen Aussagen. Digitale Medien konnten als Faktoren in alle diese Theoriekonstrukte naturgemäß noch nicht mit einfließen, trotzdem wird schon in diesen Analysen klar, dass die Moderne, mit allen Wandlungsprozessen, die wir unter diesem Begriff zusammenfassen, Chancen und Risiken gleichermaßen mit sich bringt. Dies gilt in besonderem Ausmaß für die Wahrnehmung von Wirklichkeit und den Aufbau von Gewissheiten unter dem Einfluss und in Wechselwirkung mit digitalen Medien. So spricht Habermas denn auch passend vom „Januskopf der Moderne", der uns zwei gegensätzliche Gesichter zeigt[30]. Auf der einen Seite eine nahezu unendliche Vielfalt an Möglichkeiten zur Lebensgestaltung, die

---

25 Émile Durkheim, Die Regeln der soziologischen Methode. Frankfurt a.M. (1885) 1961.

26 Max Weber, Wirtschaft und Gesellschaft: Die Wirtschaft und die gesellschaftlichen Ordnungen und Mächte, Nachlass Heidelberg (1922) 2001.

27 Sigmund Freud: Zur Psychopathologie des Alltagslebens. Über Vergessen, Versprechen, Vergreifen, Aberglaube und Irrtum, Gesammelte Werke, Band IV, Frankfurt a.M. (1901) 31953.

28 William I. Thomas / Dorothy S. Thomas, The Child in America. Behavior Problems and Programs, Knopf 1928.

29 Peter L. Berger / Thomas Luckmann, The Social Construction of Reality. A Treatise in the Sociology of Knowledge, London 1966 (reprinted 1991); dt. Die gesellschaftliche Konstruktion der Wirklichkeit, Frankfurt a.M. 1969 ([22]2009).

30 Jürgen Habermas, Glauben und Wissen. Rede zum Friedenspreis des Deutschen Buchhandels 2001, Frankfurt am Main, Berlin 2016, 11.

zahlreichen Errungenschaften von Freiheit und Chancen auf ein selbstbestimmtes Leben; auf der anderen Seite das ständige Risiko zu Scheitern und die Möglichkeit, angesichts der Unübersichtlichkeit und der Zwänge zur Entscheidung auf der Strecke zu bleiben. Dem inne liegt auf gesellschaftlicher Ebene auch das Risiko, dass sich neue soziale Ungleichheiten bilden oder traditionelle verstärkt werden.

In diesem Zuge sollen zwei weitere wichtige Denker vorgestellt werden, die die Mediatisierung wenigstens teilweise miterlebt haben und in ihre Analysen mit einfließen lassen konnten und mussten. Beide sahen die zeitgenössischen Wandlungsprozesse, die sie erlebten, äußerst kritisch.

6. Ein Strom von Bildern und die gefährliche Utopie: Jean Baudrillard

Er war und ist, insbesondere in Deutschland, ungeliebter Soziologe und Sozialphilosoph.

Die Apokalypse sah er am Werk. Die physikalische Wirklichkeit sei tot, das Jahr 2000 werde lediglich ein Strom von Bildern, die wir konsumieren können, schreibt Jean Baudrillard in seiner Analyse zum 20. Jahrhundert[31]. Seine Beobachtungen gründen in einer Zeit, in der ein in der Industrialisierung wurzelnder Prozess der Reproduzierbarkeit von Objekten durch die Entwicklung neuer Technologien einen Höhepunkt erreicht. Mit der Verbreitung des PCs, der Erfindung des Internets, aber auch der Entwicklung der Satellitentechnik können zudem bis dahin unvorstellbare Mengen an Information generiert und verbreitet werden. Diese rasante Entwicklung führt nach Baudrillard zum Verschwinden des Realen im Sinne einer physikalischen Wirklichkeit. Anstatt Orientierung zu gewinnen, ertrinken wir in der Komplexität. Um dieser ständigen Überforderung zu entkommen, greifen die Menschen nach der Vereinfachung[32]. Baudrillard steht in der Tradition marxistischer Akademiker wie Guy Debord, der in den 60er Jahren des 20. Jahrhunderts eine Analyse kulturellen Denkens im Zeitalter der Massenproduktion vornahm und feststellte, das Leben sei nichts mehr anderes als eine Ansammlung von Spektakeln, in denen Bilder an die Stelle von tatsächlichen Erlebnissen und Taten treten[33]. Angesichts der Flut von Selfies, mit denen wir überschwemmt werden (und die voraussetzen, dass die abgebildete Person mit

---

31 Jean Baudrillard, Das Jahr 2000 findet nicht statt, Berlin 1990.
32 Jean Baudrillard, Die Konsumgesellschaft. Ihre Mythen, ihre Strukturen, hg. von Kai-Uwe Hellmann und Dominik Schrage, übersetzt von Annette Foegen, Berlin 2015 (Original 1970).
33 Guy Debord, Die Gesellschaft des Spektakels. Und andere Texte, Berlin 1996.

dem Rücken zu den eigentlichen Sehenswürdigkeiten oder Ereignissen steht und diese selbst nur auf dem entstandenen Bild betrachtet), ist es schwer, diese Kritik gänzlich zu widerlegen.

Baudrillard geht in seiner Analyse jedoch noch weiter. In der Konsumgesellschaft, so sagt er, seien die Dinge von sich selbst getrennt. Nicht länger die Substanz, sondern die Präsentation sei entscheidend. In besonderem Ausmaß wird dies durch die Werbung deutlich. Die Botschaft der Marke ersetzt die Substanz des Produkts, sodass ein Laufschuh nicht mehr danach beurteilt und gekauft wird, ob er bequem und funktional ist, sondern ob die Markenbotschaft ausreichend Freiheit, Gesundheit oder Originalität verspricht. Baudrillard treibt dieses Argument mit der Feststellung auf die Spitze, dass mit der Entwicklung von Technologien kein Bezug mehr zwischen realem Objekt und Modell bestehe und somit ein Bild aus dem Nichts heraus geschaffen werden könne. Derartige Bilder oder Modelle ohne Verbindung zur physikalischen Welt bezeichnet Baudrillard als „Simulacrum". Die Wirklichkeit wird aus Matrizen erstellt, besteht aus Speicherbanken und Steuerungsmodellen[34]. Simulacra werden medial verbreitet und erschaffen eine Art von Realität, mit der die Menschen leichter umgehen können; leichter als mit der ungeordneten, komplexen physikalischen Realität. Zudem, so Baudrillard, sei dieses handhabbare Wirklichkeitsabbild aufregender und vollkommener als die uns umgebende physikalische Realität. Somit kommt Baudrillard zu seiner berühmten Äußerung, die Wirklichkeit sei tot – womit er die physikalische Wirklichkeit meint –, und lediglich Simulationen stellen Wirklichkeit dar. Real ist letztlich nur noch, was bereits reproduziert wurde. Dies bedeutet, dass die Verbindung zwischen Objekt und Repräsentation mit dem Fortschreiten der Industrialisierung und damit der Möglichkeit, ein Simulacrum tausendfach zu reproduzieren, zunehmend verschwimmt.

Von gefährlichen Utopien spricht Baudrillard, da er davon ausgeht, dass Simulacra in ihrer Perfektion eine Befriedigung schaffen, die größer ist als die, die Menschen durch die Wahrnehmung von Wirklichkeit sonst erleben können. Simulacra ermöglichen die Erfüllung von Wünschen, sie sind handhabbar und verständlich und können heute, im Zeitalter „virtueller Welten" laut Baudrillard ohne Bezug zu realen Objekten oder Personen erschaffen werden. Und darin liegt laut Baudrillard die große Gefahr, denn im gleichen Ausmaß, in dem die virtuelle Realität an Bedeutung gewinnt, schwinden nicht nur Ideale in der Lebensgestaltung der Menschen, sondern auch das Bedürfnis nach rationaler Analyse von Prozessen oder vernünftigen Bedeutungssystemen. Diesen Prozess bezeichnet

---

34 Jean Baudrillard, Simulacra and Simulation, Michigan 1995.

Baudrillard als Liquidierung alles Referenziellen, in deren Folge virtuelle Welten zunehmend zum Referenzpunkt für Menschen werden und somit realer sind als die Wirklichkeit (vgl. ebd.).

Simulacra schaffen eine Hyperrealität, das perfekte, ideale, vollständigere Bild eines Ereignisses, demgegenüber das eigene, tatsächliche Erleben verblasst. Denken wir an das vorgestellte Projekt zurück, in dem die Bedeutung von Online-Gemeinschaften und darin bestehender Beziehungen für die soziale Konstruktion von Wirklichkeit herausgearbeitet wurde. Baudrillards Beobachtungen sind in diesem Zusammenhang nicht vollständig von der Hand zu weisen.

7. Vom Gefühl des Nicht-Wissens: Zygmunt Baumann

Ein weiterer Kritiker postmoderner Lebensumstände ist Zygmunt Baumann, der, angesichts seiner eigenen von Flucht und Fremdheitserfahrungen geprägten Biographie, verständlicherweise eine kritische Haltung einnimmt. Am eigenen Leib hatte er erlebt, wie gesellschaftlicher Wandel das Leben des Einzelnen von Grund auf und dramatisch immer wieder erneut verändern kann.

Baumann stellt vor allem in seinen späteren Werken die schwere Moderne der leichten Postmoderne, oder liquiden Moderne gegenüber[35]. Dabei steht die Angst vor dem Unbestimmten häufig im Zentrum seiner Analysen. Baumann beschreibt die zunehmende Kontingenz der Lebensumstände und damit einhergehend einen Verlust an Bindungskraft von Werten und Normen. Daraus folgt das Ende der Eindeutigkeit, das Baumann eindrücklich am Beispiel der post-panoptischen Macht demonstriert. Wie ein elektronisches Signal ist die Macht in der liquiden Moderne kaum zu greifen; sie ist exterritorial und physisch unabhängig. Die Metapher des Panoptikums der Macht von Foucault[36] wird zum postmodernen Phänomen des Ausgeliefertseins an nicht kontrollierbare und unsichtbare Mächte.

Aber was setzen Menschen diesem Gefühl entgegen? Wie gehen sie mit den beschriebenen Risiken und Herausforderungen, aber auch mit den Chancen und Möglichkeiten um? Und welche Rolle spielen dabei digitale Lebenswelten? Ist es eher die Rolle, die Baudrillard ihnen zuwies, oder ist vielleicht doch ein weniger kulturpessimistischer Umgang zu beobachten? Im Folgenden soll ein kurzes Beispiel illustrieren, wie komplex diese Fragestellung und damit auch der Versuch einer Antwort ist. Denn eine virtuelle Welt kann auch ganz anders aussehen, als dies übliche Vorstellungen nahelegen mögen.

---

35 Zygmunt Baumann, Flüchtige Moderne, Frankfurt a.M. 2003.
36 Michel Foucault, Überwachen und Strafen. Die Geburt des Gefängnisses, Frankfurt a.M. 1994.

8. Walden, a game

Im Jahr 2017 erschien ,Walden, a game' (USC Game Innovation Lab), in dem das Leben und die Erfahrungen des Autors Henry David Thoreau während seines Aufenthalts am Walden Pond in den Jahren 1845–1847 umgesetzt werden.

Das Spiel lässt sich am ehesten als so genanntes walking game oder open world game charakterisieren, in dem es verschiedene Ziele gibt. Neben dem Überleben in der Einsamkeit durch die Nutzung natürlicher Ressourcen, geht es auch darum, die Inspiration der Natur zu erleben. Tiere beobachten, den Geräuschen der Einsamkeit lauschen, lesen, aber auch Entdeckungen in der Umgebung zu machen oder die Geschichte Thoreaus zu erkunden, alles ist im Spiel möglich und technisch wunderbar umgesetzt. Das gesamte Spiel ist geprägt von der Wahrnehmung unterschiedlicher Geräusche, von einem Fokus auf lebenswichtige Dinge wie Schutz, Essen und Kleidung, aber auch von Achtsamkeit gegenüber der umgebenden Natur. Somit bildet das Spiel einen Gegensatz zu dem, was meist unter einer Spielwelt mit ihren rasanten Bildwechseln und actionreichen Narrativen verstanden wird. Walden ist ein betont langsames und leises Spiel. Ein Kontrapunkt zu moderner Mobilität, zum übermäßigen Konsum und zum Lärm des Alltags[37].

Walden, a game war eines der am häufigsten heruntergeladenen Spiele auf vielbesuchten Spieleplattformen im Jahr 2017 und erhielt hohe Bewertungen von den NutzerInnen[38]. Digitale Lebenswelten können durchaus Spielräume eröffnen, die uns im Alltag verschlossen bleiben. Sie können die Welt wieder ein Stück weit verzaubern und Gegenpol sein zur Geschwindigkeit und zum Lärm der Welt. In der Diskussion um Wirklichkeit, digitale Lebenswelten und postmoderne Lebensumstände werden viele Fragen aufgeworfen. Vorschnelle Antworten scheinen unangemessen angesichts der Komplexität dessen, was uns begegnet.

9. Die Krise kultureller Orientierung

Baudrillard wurde oft vorgeworfen, eleganten Unsinn zu verfassen, eines aber steht fest: Fragen aufwerfen, darin ist Baudrillard besonders gut[39]. Seine Texte stecken voller interessanter und spitzer Thesen und selbst seine Fehlschlüsse sind wertvolle Denkanstöße.

---

37 Greg Toppo, Learn to 'live deliberately' with 'Walden' game on Thoreau's birthday, USA Today 7/2017.

38 Vgl. https://itch.io/blog/19998/itchio-year-in-review-2017 (13.08.2018).

39 Alan Sokal / Jean Bricmont, Eleganter Unsinn. Wie die Denker der Postmoderne die Wissenschaften missbrauchen, München 1999.

In vielen Dingen greift Baudrillard zu kurz oder ist zu einseitig kulturpessimistisch. Die Idee, dass Simulacra ohne Verbindung zu Realität sein können, zu der Wirklichkeit, die wir als alltäglich und wahr empfinden, scheint absurd. Auch die Betrachtung virtueller Welten als getrennt von der Realität ist kaum haltbar. Dennoch hat Baudrillard schon frühzeitig etwas Wichtiges erkannt: Wir befinden uns in einer Krise kultureller Orientierung und Teil davon sind digitale Lebenswelten als alternative Wirklichkeiten. Mit diesem Pluralismus symbolischer Wirklichkeiten müssen wir umgehen lernen, in immer weiter zunehmendem Maße. Die Wurzeln dieses Pluralismus liegen unter anderem in der Reformation, die nicht nur die Auseinandersetzung mit alternativen Sinnstrukturen ermöglicht hatte, sondern auch das tatsächliche Leben dieser Alternativen. Und auch an der Reformation waren Medien fundamental beteiligt. Aber damals wie heute hilft es nicht, die Medien als schuldig zu identifizieren; auf die gegenwärtige Krise steuern wir seit Jahrzehnten zu und es ist absehbar, dass die Gesellschaft im Begriff ist, sich selbst zur echten Gefahr zu werden.

Technologische und naturwissenschaftliche Erkenntnisse tragen dazu bei, unsere Gesellschaft drastisch und schnell zu verändern; vielleicht in ähnlichem Maße wie dies die Industrialisierung getan hat. Wir wissen es noch nicht, aber wir müssen uns damit auseinandersetzen. Letztlich ist im Umgang mit digitalen Lebenswelten wie auch mit anderen, damit zusammenhängenden Veränderungen, vor allem Verantwortungsbewusstsein und Partizipation gefragt. Denn wir sind tatsächlich nicht zur Passivität verdammt. Wir müssen uns nicht zufrieden geben mit dem Erleben aus zweiter Hand. Das Schaffen gesellschaftlicher Rahmenbedingungen, die offensichtliche Probleme beheben könnten und der gesellschaftlichen Verantwortung zur Mitgestaltung dieser neuen Räume nachkommt, ist möglich. Denn schließlich hat die Moderne uns nicht nur manche Gewissheiten genommen, sondern uns auch in die Freiheit entlassen, Entscheidungen zu treffen über die Art von Gesellschaft, die wir als lebenswert erachten. Vielleicht liegt am Ende die Herausforderung nicht spezifisch im Umgang mit diesen neuartigen Phänomenen. Vielleicht liegt die Herausforderung einfach im Umgang mit dem, was sich Leben nennt. Mit seinen Veränderungen und Unwegsamkeiten, mit den Gefahren und Glücksmomenten, die in allen Lebenswelten, ob digital oder nicht, auf den Menschen einwirken und unsere Gesellschaft prägen. Wir sind zwar in der Lage, digitale Lebenswelten zu erschaffen, aber letztlich schöpfen wir doch immer aus dem reichen Material dessen, was uns umgibt. Und so wusste schon Sherlock Holmes, bekanntlich ein großer, wenn auch fiktiver Denker: „Das Leben ist unendlich viel seltsamer, als alles, was der menschliche Geist je erfinden könnte (A.C. Doyle, A Case of Identity, 1891)."[40]

Literatur

Abels, Heinz: Wirklichkeit. Über Wissen und andere Definitionen der Wirklichkeit, über uns und Andere, Fremde und Vorurteile, Wiesbaden 2009.

Bartle, Richard: Designing Virtual Worlds, Indianapolis 2003.

Baudrillard, Jean: Das Jahr 2000 findet nicht statt, Berlin 1990.

Baudrillard, Jean: Die Konsumgesellschaft. Ihre Mythen, ihre Strukturen, hg. von Kai-Uwe Hellmann und Dominik Schrage, übersetzt von Annette Foegen, Berlin 2015 (Original 1970).

Baudrillard, Jean: Simulacra and Simulation, Michigan 1995.

Baumann, Zygmunt: Flüchtige Moderne, Frankfurt a.M. 2003.

Berger, Peter L./Luckmann, Thomas: The Social Construction of Reality. A Treatise in the Sociology of Knowledge, London 1966 (reprinted 1991).

Berger, Peter L./Luckmann, Thomas: Die gesellschaftliche Konstruktion der Wirklichkeit, Frankfurt a.M. 1969 ([22]2009).

Debord, Guy: Die Gesellschaft des Spektakels. Und andere Texte, Berlin 1996.

Durkheim, Émile: Die Regeln der soziologischen Methode. Frankfurt a.M. (1885) 1961.

Epiktet: Handbuch des moralischen Lebens, eClassica 2018.

Doyle, Sir Arthur Conan: The Best of Sherlock Holmes, Ware 1998.

Foucault, Michel: Überwachen und Strafen: Die Geburt des Gefängnisses, Frankfurt am Main 1994.

Freud, Sigmund: Zur Psychopathologie des Alltagslebens. Über Vergessen, Versprechen, Vergreifen, Aberglaube und Irrtum, Gesammelte Werke, Band IV, Frankfurt a.M. (1901) [3]1953.

Gauntlett, David: Making Media Studies. The Creativity Turn in Media and Communications Studies, New York 2015.

Habermas, Jürgen: Glauben und Wissen. Rede zum Friedenspreis des Deutschen Buchhandels 2001, Frankfurt am Main, Berlin 2016.

Hemminger, Elke / Schott, Gareth: The Mergence of Spaces. MMORPG User-Practice and Everyday Life, in: Fromme, Johannes / Unger, Alexander (Hg.):

---

40   Sir Arthur Conan Doyle, The Best of Sherlock Holmes, Ware 1998 (Original 1891).

Computer Games and New Media Cultures. A Handbook of Digital Game Studies, Berlin 2012, 395–409.

Hemminger, Elke: Zwischen Kult und Kommerz: Die iPeople als technikfokussierte Szene. Ein Studierendenprojekt, in: merz. Medien und Erziehung 1/2016.

Hemminger, Elke: Spielraum, Lernraum, Lebensraum: Digitale Spiele zwischen gesellschaftlichem Diskurs und individueller Spielerfahrung, in: merz Wissenschaft, 06/2016.

Hemminger, Elke: Digitale Konstruktion von Wirklichkeit? Online Fan Communities im Web 2.0. Positionen. Was Frauen Forschen, Publikation des VBWW zur Verleihung des Maria Gräfin von Linden Preis, 2013.

Hitzler, Ronald / Niederbacher, Arne: Leben in Szenen. Formen juveniler Vergemeinschaftung heute, Berlin/Heidelberg/New York 2010.

Kellner, Douglas: Jean Baudrillard. From Marxism to Postmodernism and Beyond, Stanford 1989.

Krotz, Friedrich: Mediatisierung. Fallstudien zum Wandel von Kommunikation, Wiesbaden 2007.

Lister, Martin / Dovey, Jon / Giddings, Seth / Grant, Iain / Kelly, Kieran: New Media. A Critical Introduction, London/New York 2003.

Luckmann, Benita: The Small Life-Worlds of Modern Man, in: Social Research 4 (1970), 580–596.

Manovich, Lev: New Media. A Critical Introduction, Cambridge, MA/London 2001.

Schütz, Alfred / Luckmann, Thomas: Strukturen der Lebenswelt, Bd. I, Frankfurt a.M. 1979.

Schütz, Alfred / Luckmann, Thomas: Strukturen der Lebenswelt, Bd. II, Frankfurt a.M. 1984.

Sokal, Alan / Bricmont, Jean: Eleganter Unsinn. Wie die Denker der Postmoderne die Wissenschaften missbrauchen, München 1999.

Strehle, Samuel: Zur Aktualität von Jean Baudrillard, Wiesbaden 2012.

Thomas, William I. / Thomas, Dorothy S.: The Child in America. Behavior Problems and Programs, Knopf 1928.

Thorpe, Christopher / Todd, Megan / Yuill, Chris / Tomley, Sarah / Hobbs, Mitchell / Weeks, Marcus: Das Soziologie-Buch, München 2016.

Toppo, Greg: Learn to 'live deliberately' with 'Walden' game on Thoreau's birthday, USA Today 7/2017.

Van Eimeren, Birgit / Koch, Wolfgang: Ergebnisse der ARD/ZDF-Onlinestudie 2015. Nachrichtenkonsum im Netz steigt an – auch klassische Medien profitieren, in: Media Perspektiven 5/2016, S. 277–285; auf: http://www.

ard-zdf-onlinestudie.de/files/2015/05-2016_van_Eimeren_Koch__1_.pdf (13.8.2018).

Weber, Max: Soziologische Grundbegriffe, in: Schriften 1894–1922, ausgewählt von Dirk Kaesler, Stuttgart (1920) 2002.

Weber, Max: Wirtschaft und Gesellschaft: Die Wirtschaft und die gesellschaftlichen Ordnungen und Mächte, Nachlass Heidelberg (1922) 2001.

Ziemann, Andreas: Soziologie der Medien, Bielefeld ²2012.

Werner Thiede

Dataismus statt Humanismus? Theologische Bemerkungen zur Ideologie der digitalen Revolution

„Auch die Welt der Medien bedarf der Erlösung durch Christus."
Johannes Paul II.

Abstract: The digitalisation of our culture appears more and more like Dataism. The suffix *-ism* suggests that ultimately one is dealing with an ideology, one which lies at the foundation of the ongoing digital revolution (!), and aspires to a technocracy. A humanist orientation is expected to yield to a post-humanist one. In this way, the traditional adherence to human value as the primary value is endangered. Christian theology and the Christian church should take a more critical view of this development than they have previously, and clearly separate themselves from this rapidly growing 'ersatz religion'.

1. Einleitung

Die Digitalisierung unserer Kultur hat Fahrt aufgenommen; sie wird sich in den kommenden Jahren stärker denn je beschleunigen. Bisher konnte man viele ihrer Vorteile und Chancen nutzen, ohne den damit verbun-denen Risiken ein allzu großes Gewicht beimessen zu müssen. Was aber geschieht, wenn die Machtfülle der digitalen Programme, namentlich in Gestalt des „Internets der Dinge" und des Prinzips „BIG DATA" in naher Zukunft fast unser gesamtes Leben durchziehen und es immer totaler, ja totalitärer bestimmen wird[1]?

Big Data, Industrie 4.0, das „Internet der Dinge", intelligente Kühlschränke und Fernseher, die so schlau sind, dass sie ihrerseits den Zuschauern zuschauen, digitalisierter Autoverkehr, smarte Strom-, Wasser- und Gaszähler, digitalisiertes Lernen und Lesen und so weiter: Lobbyisten planen, Politiker beschließen, und Nutzer genießen, als sei diese rasante Entwicklung ein Naturgesetz, dem sie zu entsprechen hätten. Dabei hat sich Google-Vordenker Eric Schmidt in

---

1 Dazu bereits meine Bücher „Die digitalisierte Freiheit. Morgenröte einer technokratischen Ersatzreligion" (Berlin 2014²) und „Digitaler Turmbau zu Babel. Der Technikwahn und seine Folgen" (München 2015) sowie meine Beiträge „Die ‚Digitalisierung aller Dinge‘ als totalitäre Gefahr. Wird die digitale Revolution zur weltanschaulichen Herausforderung?" in: Materialdienst der EZW 4/2014, 125–135; „Christenmenschen sollten die Netz-Euphorie kritisch betrachten", in: Evangelische Aspekte 27, November 2017, 25f.

Deutschland in die Karten schauen lassen, als er bemerkte: „Wenn Sie wüssten, wie viel die IT-Industrie in Washington investiert, es würde Sie beunruhigen."[2] Ab wann werden wir zum Smartphone-Besitz gezwungen sein, weil man bloß noch mittels dieses funkenden Internetgeräts an der Kasse bezahlen oder Bahn fahren wird können? Wann wird man vielleicht nurmehr mittels implantierter Chips einkaufen dürfen? Kommt der Zwang zum autonomen Fahren, wie das dieser Tage vom deutschen Ethik-Rat bereits anvisiert wurde? Wird schließlich die sich immer konkreter aufbauende Technokratie die Demokratie und die soziale Ordnung gefährden[3]? Wohin führt der längst eingeschlagene Weg der Rundum-Digitalisierung? Was wird, wenn der Dataismus die gewohnte humanistisch-christliche Grundorientierung ablöst[4]?

Die Theologin Elisabeth Gräb-Schmidt warnt, mit der Orientierung allein an der technischen Machbarkeit werde „das Freiheitspotential des Menschen überstrapaziert, und zwar gerade weil es seinen personalen Bezug, der der Technik die Unverfügbarkeit ihres Könnens widerspiegelt, außer Acht lässt. Diese ist nämlich immer abzulesen an der … Ambivalenz der Technik, das heißt letztlich an der Erhaltung der Freiheit in der Technik."[5] Wie es heute tatsächlich um den Erhalt der Freiheit steht, lässt sich daran ablesen, dass die Regierungen ganz offen bestrebt sind, die digitale Revolution breitflächig durchzusetzen – nicht zuletzt in Gestalt der Digitalisierung der Stromzähler, der ab 2020 kein Haushalt mehr wird widersprechen können[6]. Entsprechendes gilt für die Digitalisierung der Klassenzimmer, auch wenn noch so viele Forscher hiervor warnen[7]. In welchem Verhältnis steht

---

2   Zitiert nach Götz Hamann/Uwe Jean Heuser, Der Weltinternetlobbyist, in: DIE ZEIT Nr. 21/2011, 36.

3   Vgl. Gerald Hörhan, Der stille Raub. Wie das Internet die Mittelschicht zerstört und was Gewinner der digitalen Revolution anders machen, Wien 2017; Yvonne Hofstetter, Das Ende der Demokratie. Wie die künstliche Intelligenz die Politik übernimmt und uns entmündigt, München 2016; Harald Welzer, Die smarte Diktatur, Frankfurt a.M. 2016³.

4   Vgl. Yuval Noah Harari, Homo Deus. Eine Geschichte von Morgen, München 2017.

5   Elisabeth Gräb-Schmidt, Der Homo Faber als Homo Religiosus, in: K. Neumeister u.a. [Hg.], Technik und Transzendenz, Stuttgart 2012, 39–55, hier 51.

6   Dazu meine Aufsätze „Akzeptanzzwang zu funkbasierten Messsystemen? Ein No-Go für Freiheitsliebende, Gesundheitsbewusste und Elektrosensible" (Umwelt – Medizin – Gesellschaft 2/2017, 33–41) und „Nur noch strahlende Zählersysteme? Für Vorsorge und Rücksichtnahme beim Messen von Elementargüterbezug" (P. Ludwig [Hg.], Elektrohypersensibilität. Gesellschaftliche Situation – Forschung und ärztliche Praxis – Recht auf Gesundheit, Schutz und Vorsorge, St. Ingbert 2018, 16–24).

7   Dazu mein Artikel „In Strahlgewittern. Zunehmende WLAN-Dichte in der Schule gefährdet die Gesundheit", in: Zeitzeichen 6/2017, 17–19.

die anvisierte Rundum-Digitalisierung eigentlich zur Gottesherrschaft und zu der Freiheit, von der die Bibel spricht? Was haben Theologie und Kirche zu den massiven Veränderungen zu sagen, die uns unmittelbar bevorstehen? Tut sich hier ein neuartiger Weltanschauungsstreit auf?

2. Frühe theologische Warnungen vor der kommenden Technokratie

Frank Schirrmacher hat wenige Jahre vor seinem frühen Tod gemahnt: „Es ist bemerkenswert, dass ausgerechnet diejenigen, die sich an der Spitze des digitalen Fortschritts wähnen, sich gar nicht vorstellen können, dass auch wir einen Preis zahlen werden, und vielleicht eines Tages gar nicht mehr wissen, dass wir ihn gezahlt haben. Das ist nicht Kulturpessimismus oder Technikfeindlichkeit, sondern eine der erregendsten Fragen für jeden, der gerne Herr im eigenen Haus, nämlich in seinem Kopf, bleiben möchte."[8] Genau dies aber wird Bedenkenträgern allzu gern und allzu oft vorgeworfen: Kulturpessimismus bzw. unbegründete Technikfeindlichkeit! Als gehörten zu den Warnenden nicht auch gerade namhafte IT-Experten und Vordenker der Digitalisierung[9]! Und als wäre es kein Zeichen von Intelligenz, etwa mit dem berühmten Astrophysiker Stephen Hawking der immer mehr die Herrschaft ergreifenden *Künstlichen Intelligenz* entschiedener mit Vorhalt zu begegnen!

Sollte nicht gerade die Theologie berufen sein, Menschen davor zu warnen, „auf Teufel komm raus" die Technik voranzutreiben und dabei alle humanen Maßstäbe zu ignorieren? Hier mag es hilfreich, vielleicht sogar tröstlich sein, sich zunächst einmal auf theologische Vorbilder zu besinnen, die Technikkritik schon vor etlichen Jahrzehnten prophetisch zur Sprache gebracht haben. Ihre Prognosen beginnen sich heute vor unseren Augen zu bewahrheiten.

Als 1930 die totalitäre Gefahr im politischen Deutschland immer bedrohlicher erkennbar wurde, beklagte der Systematiker Adolf Köberle: „Ein Heer moderner Zeitströmungen verherrlicht und vergottet in einer so ungehemmte Weise des Menschen Fleisch und Geist, und die Kirche und Theologie selbst bewegt sich in

---

8   Frank Schirrmacher im Vorwort zu Nicholas Carr, Wer bin ich, wenn ich online bin…: und was macht mein Gehirn solange? Wie das Internet unser Denken verändert, München 2010, 9f.

9   Vgl. z.B. Evgeny Morozov, Smarte neue Welt. Digitale Technik und die Freiheit des Menschen, München 2013; Yvonne Hofstetter, Sie wissen alles, München 2014⁴; Jaron Lanier, Wem gehört die Zukunft? Du bist nicht der Kunde der Internet-Konzerne, du bist ihr Produkt, Hamburg 2014².

einem so besorgniserregenden Maß in der Gefahr der Verweltlichung, daß man dagegen mehrhaftig nur mit Dank und Freude das ganze Schwergewicht einer ‚Theologie der Krisis' aufgeboten und am Werk sehen kann."[10] Wenn aber heute eine ganz neuartige totalitäre Gefahr weltweit am Horizont erkennbar wird, nämlich eine digitale Technokratie mit bisher nicht dagewesenen Zügen von Überwachung[11], Beraubung der Privatsphäre und Fremdbestimmung[12], dann fehlt uns solch eine schwergewichtige „Theologie der Krisis", wie es sie damals immerhin gab. In unserer Zeit hat sich ein neuer Kulturprotestantismus breit gemacht, und der ist offenbar konsequent bereit, sich mit der fortschreitenden digitalen Revolution zu arrangieren[13]. Das umstrittene, seit 2018 sogar bundesweit angebotene *Godspot*-Projekt mit offenem WLAN von Kirchtürmen (bereits realisiert in der Evangelischen Kirche Berlin-Brandenburg-Schlesische Oberlausitz (EKBO) und der Evangelisch-Lutherischen Kirche in Bayern (ELKB)) illustriert dies[14].

---

10 Adolf Köberle, Rechtfertigung und Heiligung, Leipzig 1930, XVIII (Vorwort zur 3. Auflage).

11 Vgl. Glenn Greenwald, Die globale Überwachung. Der Fall Snowden, die amerikanischen Geheimdienste und die Folgen, München 2014. „Es rückt langsam ins Bewusstsein, dass hinter der Fassade von der schönen neuen Welt heimliche Imperien mit festgefügten Machtstrukturen stehen" (Stefan Aust/Thomas Ammann, Digitale Diktatur. Totalüberwachung – Datenmissbrauch – Cyberkrieg, Düsseldorf/Berlin 2014, 159). Kai Strittmatter berichtet in seinem Artikel „Buch zwei" über ein neues Großprojekt, das derzeit in China umgesetzt wird: Mit Big Data, Social Media und einem digitalen Punktesystem soll der brave neue Mensch geformt werden... (in: Süddeutsche Zeitung Nr. 116 vom 20.5.2017, 11).

12 Vgl. Welzer, Smarte Diktatur, a.a.O.

13 Vgl. Werner Thiede, Evangelische Kirche – Schiff ohne Kompass? Impulse für eine neue Kursbestimmung, Darmstadt 2017, 33ff und 89ff. Im Herbst 2014 hatte die EKD-Synode im Zeichen ihres Schwerpunktthemas „Kommunikation des Evangeliums in der digitalen Gesellschaft" die Parole ausgegeben, die Kirche müsse sich verändern, damit Gemeinschaft auch in virtuellen Räumen gelebt werden könne – siehe das EKD-Dossier Nr. 6/2014, wo es prononciert heißt: „Als evangelische Kirche gestalten wir den digitalen Wandel mit und vertrauen auch in der digitalen Gesellschaft auf Gottes Begleitung" (2).

14 Der „Verein Deutsche Sprache" (VDS) hat die EKD wegen *Godspot* zum „Sprachpanscher 2017" gewählt, weil sie im Lutherjahr das sprachschöpferische Erbe Luthers so lächerlich gemacht habe (dazu habe ich das Interview gegeben: „Wäre Luther für ‚Godspot' und Roboter-Segen gewesen?" – auf https://www.diagnose-funk.org/publika tionen/artikel/detail?newsid=1227 [24.10.2017] sowie schon zuvor einen Kommentar verfasst: „Godspot, Gottspott. Kostenloses WLAN in Kirchen ist ein Irrweg" in: Zeitzeichen 7/2016, 23).

Doch bereits vor Jahrzehnten erkannte der Jesuit Klemens Brockmöller, man habe „die Funktion der Technik für den modernen Menschen als Ersatz für die alte Magie erklärt, mit der man in primitiver Natur-Religiosität sich die Natur dienstbar zu machen versuchte, so daß also Technik als Religionsersatz dient."[15] Technokratie als Ersatzreligion – das ist in der Tat eine unausgesprochene Devise der digitalen Revolution, je länger, desto deutlicher[16]! Yuval Noah Harari spricht inzwischen von der „Datenreligion"[17]. Im Streben nach absoluter Macht mit den Mitteln der Technik könne – so Brockmöller – die Versuchung stecken, sich von der transzendentalen Abhängigkeit befreien zu wollen.

Um die Mitte der 70er Jahre hat dann der evangelische Theologe und Akademieleiter Erhard Ratz in einem Aufsatz unter dem Titel „Kriterien für eine humane Zukunft. Probleme der Humanisierung des Technologieprozesses" in den *Nachrichten der Evangelisch-Lutherischen Kirche in Bayern* (31/1976) Erinnernswertes dargelegt: „Der Technologieprozess stand von Anfang an unter dem Kriterium der kommerziellen Verwertbarkeit." Auf der Basis eines naiven Kulturoptimismus, demzufolge alle Menschen auf dem Erdball zufriedene Konsumenten in einer technischen Zivilisation werden würden, habe kein Grund bestanden, den Technologieprozess zu kritisieren. Doch auch „scheinbar unbegrenzter Zugang zu allen möglichen Konsumgütern machte die Menschen nicht glücklich." Gleichwohl zwang die Verflechtung von Technologie, industriellem Verwertungsprozess und Marktmechanismen zu ständiger Expansion und Innovation – mit entsprechenden Folgen. „Die technische Zivilisation brachte überall dort, wo sie sich durchsetzte, eine tiefgreifende Krise der überkommen Normen und Werttraditionen." Im Zuge der Industrialisierung und im Verein mit dem Marktprinzip schaffe der Technologieprozess überall dort, wo er sich durchsetze, eine „Einheitszivilisation." Heute, wo die Digitalisierung auf ungefähr alle Lebensräume ausgereift, bewahrheitet sich das von Ratz Gesagte in fast unheimliche Weise: „Einzig und allein maßgebend sind die Gesetze der technischen Evolution

---

15 Klemens Brockmöller, Industriekultur und Religion, Frankfurt a.M. 1964[7], 88. Vgl. auch Serena Roney-Dougal, Wissenschaft und Magie, Frankfurt a.M. 2001.

16 Vgl. Christian Schwarke, Technik und Religion. Religiöse Deutungen und theologische Rezeption der Zweiten Industrialisierung in den USA und in Deutschland, Stuttgart 2013. Diese Studie zeigt exemplarisch: Technische Innovationen sind oft von ursprünglich religiösen Utopien bestimmt, und in der Öffentlichkeit werden sie mit religiösen Bedeutungen aufgeladen, während umgekehrt Veränderungen des Weltbildes auch zu Verschiebungen im religiösen Haushalt einer Gesellschaft führen. Prägend für das sogenannte *Machine-Age* in den USA war ein Verständnis der Technik als *New God*.

17 A.a.O. 497ff.

und der Industrialisierung, die offensichtlich in allen Teilen der Welt gleiche Or-
ganisationsformen nötig machen und Lebensgewohnheiten in einheitlicher Weise
festlegen." Umso mehr gilt es, weiter zuzuhören, wenn Ratz erklärt: „Wo aber Ein-
heitliches gelehrt wird, entstehen einheitliche Denkstrukturen und entsprechend
einheitliche Wertvorstellungen. Eine materialistische Lebenseinstellung ist global
zu beobachten." Wie sehr trifft das heute zu! Ein regelrechter „Dataismus" blüht
als Ersatzreligion[18] in einer zunehmend säkularisierten Gesellschaft. Ratz fragte
schon damals: „Wer kontrolliert die Macher?" Die Kontrolle der technischen Intelligenz werde erschwert und nahezu unmöglich durch die Differenzierung des
technologischen Prozesses: „Kontrolle durch die Politiker ist heute kaum gegeben.
Jeder Parlamentarier wird eingestehen, dass sein Sachverstand nur in seltenen
Fällen ausreicht, um sachgerechte Entscheidungen zu treffen, ganz besonders
dann, wenn dies mit komplizierten technisch-naturwissenschaftlichen Problemen verknüpft ist." Dieser Satz könnte 2016 angesichts des damals beschlossenen
Gesetzes zur Digitalisierung der Energiewende formuliert worden sein! Ratz aber
gab schon vor über vier Jahrzehnten zu bedenken, die Bevölkerung werde die Folgen der technologischen Entwicklung im Positiven wie im Negativen zu ertragen
haben. Denn wo könne sie mitbestimmen? „Mechanismen und Institutionen sind
dafür bisher kaum entwickelt. Der größte Teil auch der mündigen und politisch
bewussten Bürger empfindet den Fortgang der Technik wie ein Naturgesetz, auf
das er keinen Einfluss hat. Selbst die Vorstellung der möglichen Einflussnahme
liegt – sieht man von bescheidenen Ansätzen der Bürgerinitiativen ab – für die
meisten ziemlich fern." Schon damals beklagte der Theologe, die psychosozialen
Folgen bestimmter Produkte fänden kaum Berücksichtigung. Dringend nötig sei
eine Aufklärung über die verschiedenen Möglichkeiten der technologischen Entwicklung bereits vor dem Anlaufen von Massenproduktionen: „Die Offenlegung
der Folgen des Technologieprozesses ist dabei die wichtigste Voraussetzung für
öffentliche Willensbildung und öffentliche Kontrolle."[19]

---

18 Die Datenreligion verheißt nichts Gutes: „Der Dataismus droht somit, *Homo sapiens*
    das anzutun, was *Homo sapiens* allen anderen Tieren angetan hat" (Harari, a.a.O. 534).
    Bezeichnend: Mark Zuckerberg sieht sein Unternehmen Facebook als „die neue Kir-
    che", die ja auf ihre Weise ein Zusammengehörigkeitsgefühl biete: „Gemeinschaften
    schenken uns Sinn – egal, ob es Kirchengemeinden sind, Sportklubs oder Nachbar-
    schaftsgruppen" (vgl. den Bericht „Facebook ist ‚die neue Kirche‘" in: idea Spektrum
    27/2017, 7).

19 Mit Recht bemerkt inzwischen der Systematiker Friedrich Wilhelm Graf: „Nur
    schwer lassen sich die sehr hohen sozialen Folgekosten der weltweiten ökonomischen,

Nur ein Jahr nach Ratz schrieb in derselben Zeitschrift Kirchenrat Walter Allgaier unter der Überschrift „Martin Luther und der Große Bruder", im medialen
Bereich sei aus Wohltat Plage geworden, weil die Menschen durch Information
nicht länger nur orientiert, sondern oftmals desorientiert und aus Adressaten zu
Opfern würden. Er nannte das Innenweltverschmutzung: „Menschen werden
heute mit Informationen gefüttert, die sie nicht benötigen, sondern nur verunsi-
chern und verwirren." Für die kommende Zeit sah Allgaier voraus, dass „durch
die Verbreitung der Informationstechnik immer mehr automatisch gespeicherte
Daten entstehen, die trotz Datenschutzes in verstärktem Maße der Benutzung
anheimfallen. Dadurch wird der Privatbereich zunehmend bloßgelegt werden."
Wie hat sich diese Prognose doch im digitalen Zeitalter bewahrheitet, da Bücher
erscheinen wie „Das Ende der Privatheit", „Sie wissen alles" oder „Die smarte
Diktatur"! Einst meinte Allgaier: „Luthers Vorbild, der Aufschrei des gepeinigten
Gewissens angesichts der Manipulation damals im Ablaßgeschäft, mag heute neue
Dringlichkeit gewinnen. Ein Aufschrei, der ohne Rücksicht darauf war, was er
auslösen würde." Es könne durchaus sein, so Allgaier weiter, dass die Reformation
und ihre Absichten sich als ‚gefährliche Erinnerung' entpuppe, die mehr Aktualität aufweise, als manchem Macher lieb sei. Dieser Hinweis hat angesichts des
500-jährigen Reformationsjubiläums mehr Aktualität denn je gewonnen. Doch
wo bleibt heute der Aufschrei gepeinigter Gewissen? Wir sind oft vielmehr so
weit, dass gewohnter Humanismus immer mehr dem so genannten Trans- oder
Posthumanismus zu weichen droht, der sich im Zeichen des Dataismus ausbreitet.

Just jenseits des Protestantismus ist ein markanter Aufschrei zu hören – von
keinem Geringerem als von Papst Franziskus. Er forderte 2015 in seiner Enzyklika
Laudato si': „Es müsste einen anderen Blick geben, ein Denken, eine Politik, ein
Erziehungsprogramm, einen Lebensstil und eine Spiritualität, die einen Widerstand gegen den Vormarsch des technokratischen Paradigmas bilden." Sein Wort
in Gottes Ohr – und in der Kirche Ohr! Die Zukunft der Technokratie hat schon
begonnen. Ich meine, es wird höchste Zeit, dass Theologie und Kirche zu einem
gesellschaftlichen Erwachen rufen, damit den Tendenzen digitaler Verantwor-
tungs- und Rücksichtslosigkeit entschieden Einhalt geboten wird.

3. Digitalisierung und christlicher Schöpfungsglaube

Bekanntlich wird in der digitalen Kultur die reale Welt im Gegensatz zur
neuen virtuellen gern als „Kohlenstoffwelt" bezeichnet. Das klingt irgendwie

technischen und kulturellen revolutionären Veränderungen abschätzen" (Kirchendämmerung, München 2011, 178).

abwertend – nach dumpf-materieller Dimension der Wirklichkeit! Demgegenüber erscheint die virtuelle Welt als leicht und licht. Dort, wo alles geistig, nämlich
in Information und Kommunikation verwandelt und entsprechend „feinstofflich"
verflüssigt ist, wo überhaupt die materielle Vergänglichkeit überwunden scheint,
da ist nach Auffassung der Digitalisierungsideologen die eigentliche, die wahre
Ebene des Seins erreicht. Tatsächlich gehört ja auch sie letztendlich zu Gottes
Schöpfung: Was der Mensch kreiert, ist Auswuchs des an ihn ergangenen Auftrags, sich die Erde untertan zu machen und dabei die Schöpfung zu bewahren...
Und so fragt sich Wulf Bertram: „Machen sich die Kritiker des Medien- und
IT-Hype etwa auch einer Art Gotteslästerung schuldig? Einer Schmähung des
allgegenwärtigen, omnipotenten und segenspendenden www-Gottes, der es Kraft
seiner unbegrenzten Möglichkeiten zum Wohle der Menschheit ‚schon richten'
wird? Man könnte auf die Idee kommen, dass eine konspirative Lobby der Com-
puter- und Medienindustrie am Werk sei, wenn man sich nach den Gründen
für die ungewöhnlich rabiate Reaktion auf die besorgte Kritik an ausufernder
Social Network-Nutzung, *Ego Shooter*-Spielen und unreflektierter Ausweitung
der digitalen Medien in Schule und Unterricht fragt."[20]

Doch nein, es ist jedenfalls theologisch legitim, kritisch auf die Bewahrung der
Schöpfung achten, wenn der Mensch sich im Sich-Untertan-Machen der Erde
entfaltet. Handelt er als Geschöpf im gehorsamen Aufblick zum Schöpfer? Oder
sucht er sich selbst zu verwirklichen und dabei zu vergöttlichen? Solche Selbst-
Apotheose ist sein Charakteristikum in der Moderne, wie ihm schon Sigmund
Freud attestiert hat, war es aber in anderer Weise auch schon in der Spätantike.
Damals bot im der Gnostizismus als eine verbreitete „Weltreligion" an, sich selbst
gegenüber der Schöpfung als im Kern wahrhaft göttlich zu verstehen. Hierbei
konnte er die Welt am Ende nicht nur dualistisch abgehoben betrachten, sondern
auch monistisch deuten. Demnach stellt die Materiewelt letztlich selber eine grobe
Ausformung des göttlichen Geistes dar[21]. Bildet solcher Gnostizismus nicht die

---

20 Wulf Bertram, Nachgedacht, in: Nervenheilkunde 31 (2012), 681. Raimund Pretzer
    erkennt als Theologe: „Kommunikation unterwirft sich dem Medium! Und wir sind
    damit ganz schnell bei der Tatsache, dass Medien kleine Diktatoren sind. Sie zwängen
    der Botschaft und Nachricht Postulate auf. Die muss man erkennen, interpretieren und
    damit umgehen, wie bei jeder Kommunikation... Was leitet uns, wenn wir ... unser
    Herzblut, unseren Glauben als Kirche dem Netz, diesem Moloch der Kommunikation
    anvertrauen?" (Das Netz der Botschaft, in: Korrespondenzblatt des Pfarrervereins der
    ELKB 11/2012, 145f).
21 Oft ist zwar der gnostische Dualismus von Licht und Finsternis ein charakteristisches
    Merkmal, aber daneben existieren auch monistische Ansätze gnostischen Denkens.

unreflektierte Metaphysik vieler Bewohner des heutigen Web-Universums? Trifft dies zu, so verwundert es wenig, dass sich angesichts der Herausforderungen und Probleme der digitalen Revolution und des mit ihr heraufziehenden Dataismus doch viele philosophische[22] und theologische[23] Stimmen zu Gunsten der Kategorie des pseudopneumatischen Virtuellen hören lassen.

Gewissermaßen hat auch der Ausblick auf die Vollendung der Schöpfung, aufs kommende Gottesreich – zumal jene Zukunft inspirierend in unsere gegenwärtige Welt hineinwirken will – selber etwas „Virtuelles" an sich. Christliche Spiritualität lebt geradezu von der dynamischen Antizipation des angesagten Heils, von der Strahlkraft der Auferstehung, wie sie von Jesus Christus her das Leben der Getauften, ja viel mehr noch: des gesamten Kosmos (Kol 1,17–20) beflügeln will. Solches In- und Miteinander verschiedener Welten, nämlich der vergänglichen und der unvergänglichen Welt, könnte sich durchaus begrifflich mit der Kategorie des Virtuellen in Verbindung bringen lassen. Und doch lebt solch spirituell gedachte und erfahrbare Virtualität von dem abgrundtiefen seinsmäßigen Unterschied zwischen der Wirklichkeit Gottes selbst und der seiner Schöpfungswelt. Demgegenüber sind die Sekundärwelten[24] des Internets Schöpfungswelten des Menschen, die innerweltlich bleiben. Ihre Schein-Transzendenz lässt sich leicht als verbrämte Immanenz entlarven. Freilich begegnen Digitalisierungsfanatiker solchen Enttarnungsversuchen mit digitaler Ignoranz. Zu verführerisch sind ihre Spiel- und Fluchtwelten[25], als dass sie sich ernsthaftem Zweifel ihnen gegenüber aussetzen

---

Letzteres hat der Philosoph und Gnosis-Experte Hans Jonas mit Blick auf die Valentinianische Gnosis herausgearbeitet: „Als nach außen getretene Verdichtung innerer Zuständlichkeit bezeichnet so die Materie den tiefsten Punkt des Abfalls des Geistes von sich selbst, der in ihr sozusagen seine Fixierung gefunden hat" (Gnosis und spätantiker Geist. Erster Teil: Die mythologische Gnosis, Göttingen 1988[4], 417).

22 Vgl. z.B. Clara Völker, Mobile Medien: Zur Genealogie des Mobilfunks und zur Ideengeschichte von Virtualität, Bielefeld 2010.

23 Vgl. Christian Ruch, „Well, look, I have succeeded!" Ein medienästhetischer Streifzug durch die Welt der virtuellen Realität, in: Elke Hemminger/Christian Ruch, Virtuelle Welten (EZW-Text 223), Berlin 2013, 5–23. Ruch spricht nach mancherlei sachkritischen Bemerkung am Ende vom „Anbruch einer neuen Romantik" (23).

24 Computer sind „Mechanismen zur Herstellung sekundärer Wirklichkeit", formuliert Alexander D. Ornella, Das vernetzte Subjekt, Wien 2010, 61. Vgl. auch J. E. Hafner/ J. Valentin (Hg.), Parallelwelten. Christliche Religion und die Vervielfachung von Wirklichkeit, Stuttgart 2008.

25 Psychologisch wird mitunter ein Zusammenhang zwischen traumatischer Kindheit und der Neigung zur Flucht in Fantasiewelten gesehen (Mathias Mesenhöller, Wunder[n] über Wunder, in: GEO 1/2013, 52–66, bes. 63).

würden! Vielmehr glauben sie nach Kräften den Vorgaben ihrer technizistischen Ersatzreligion. Weniger auf die Echtheit der oft genug harten, schmerzlichen und am Ende ja doch unausweichlichen Realität der „Kohlenstoffwelt" kommt es ihnen an als vielmehr auf die „Weichheit" jener virtuellen Halbwirklichkeiten[26], in deren Online-Horizonten sie sich bevorzugt bewegen. Erschließt sich vielleicht von diesem virtuellen Über-Sein her gleichsam eine digitale Metaphysik? Drängt sich da nicht der spekulative Gedanke auf, die derart aufscheinende Geist-Realität als das Ursprüngliche zu nehmen – und hier gewissermaßen eine Ontologie der digitalisierten Seele zu verankern? Könnte nicht „das vernetzte Subjekt durchaus als transzendentes Subjekt bezeichnet werden"[27]? In diesem Sinn lässt sich heutzutage eine digitalisierte Gnosis gewissermaßen dualistisch denken und doch im Grundansatz monistisch am säkularen oder auch schon postsäkularen Zeitgeist orientiert sein. Dabei kann man sich auf den französischen Philosophen Henri Bergson (1859–1941) berufen: In dessen Spätwerk findet sich sein Appell an die Menschheit, die nötigen Anstrengungen zum Überleben zu leisten, „damit sich auch auf unserm widerspenstigen Planeten die wesentliche Aufgabe des Weltalls erfülle, das dazu da ist, Götter hervorzubringen."[28] Heutigen Posthumanismus zufolge soll „die Technik genutzt werden, um wie Gott zu werden"[29]. Werden wie Gott – war das nicht die Urversuchung des Menschen von Beginn an?

4. Digitalisierung im Licht des christlichen Menschenbilds

Theologisch gilt es den Umstand konsequent in den Blick zu nehmen, dass der die Digitalisierung Mensch gestaltende Mensch von Natur aus als *Sünder* zu verstehen ist. Gerade sein Bestreben, wie Gott zu sein, lässt sich als Ausdruck seines Sünderseins entschlüsseln. Mit diesem Ziel sucht er sein faktisches Menschsein zu transzendieren, also Übermensch zu werden, titanisch den Humanismus zu

---

26 Die virtuelle Realität erfasse „nicht die Komplexität der Realität", betont Peter Fischer, Peter Fischer: Philosophie der Technik, München 2004, 227. Vgl. auch Manfred Lütz, Bluff! Die Fälschung der Welt, München 2012, bes. Kap. 3c.

27 Vgl. Ornella, a.a.O. 112 und 175.

28 Henri Bergson, Die beiden Quellen der Moral und der Religion (1932), Olten 1980, 317.

29 Vgl. Astrid Dinter, Adoleszenz und Computer. Von Bildungsprozessen und religiöser Valenz, Göttingen 2007, 48. Überhaupt sind laut Dinter Dimensionen religiöser Valenz im Kontext der Nutzung neuer computergestützter Medien zu finden, die „dem Zusammenhang eines lebensweltlichen Umgangs mit dem Medium Computer zuzurechnen sind. Hier kommen wiederum Elemente der rituell gekoppelten Sinngenese zwischen Subjekt und neuen Medien in den Blick" (49).

transformieren in Trans- oder Posthumanismus[30]. Dabei aber verliert der natürliche Mensch logischerweise seine Würde, weil eine höhere postuliert wird. Der IT-Experte Jaron Lanier, Träger des Friedenspreises des deutschen Buchhandels, betont: „Der Glaube, dass Menschen etwas Besonderes sind, ist unter Technokraten eine Minderheitenposition...“[31] Tatsächlich wird die Menschenwürde, wie wir sie als Staatsbürger und Christen verstehen, im Kontext eines entsprechenden Welt- und Menschenbildes zum Objekt der Kritik einer digitalisierten Vernunft[32]. Auch Gernot Böhme hat in seiner Technik-Philosophie vermerkt: „Wir sind auf dem besten Wege, unser Selbstverständnis als Menschen und unser Verständnis von Gesellschaft technisch zu definieren.“[33] An die Stelle der traditionell geglaubten Gottebenbildlichkeit tritt gewissermaßen die Maschinenebenbildlichkeit des Menschen[34]. Schon heute bleibt im *New Digital Age*[35] offen, wer ich bin, wenn ich *online* bin (Nicholas Carr) – und auch, wer *offline* ist, beginnt sich zu fragen:

---

30 Vgl. z.B. Raimar Zons, Die Zeit des Menschen: Zur Kritik des Posthumanismus, Frankfurt a.M. 2001; Stefan Herbrechter, Posthumanismus: Eine kritische Einführung, Darmstadt 2009; Verena Kalcher, Transhumanismus: Wollen wir Alles, was wir theoretisch können? Saarbrücken 2013.

31 Lanier, a.a.O. 285. Ein Redakteur der ZEIT hat zum Internet der Zukunft gefragt: „Wieso seid ihr so sicher, dass der Mensch im Mittelpunkt stehen wird? Es gibt die Utopie, dass eines Tages ein weltumspannendes Maschinenwesen das Zentrum allen Seins sein wird. Kevin Kelly nennt es das Technium. Er glaubt, dass das Internet und alle daran angeschlossenen Geräte schon heute ein Eigenleben führen. Dass der Mensch unbewusst dem Technium dient, es hegt und pflegt und füttert. Wir sind in dieser Symbiose die nützlichen Bakterien“ (Ausgabe vom 24.11.2011).

32 Vgl. Karsten Weber: Was vom Menschen übrig bleibt: Technologien der Gestaltung und Verbesserung des Menschen, in: Evangelium und Wissenschaft 37 (2016), 67–85; Julia Schreiber: Zur Perfektionierung des Seins. Menschenbild und Selbstbild im Kontext zeitgenössischer Optimierungslogiken, ebd. 86–98.

33 Gernot Böhme, Invasive Technisierung. Technikphilosophie und Technikkritik, Kusterdingen 2008, 19f.

34 Längst gibt es rund um den Globus Männer und Frauen, die sich selber als *Cyborgs* verstehen. Bereits 2013 wurde der erste deutsche *Cyborg*-Verein gegründet: Den Mitgliedern geht es laut Satzung darum, Hard- und Software genauso zu berücksichtigen wie das menschliche Gehirn und Nervensystem (vgl. Barbara Schneider: Die Mensch-Maschinen, in: Glaube + Heimat – http://www.mitteldeutsche-kirchenzeitungen.de/2014/08/06/die-mensch-maschinen/ – Zugriff 5.6.2017).

35 In Analogie zum utopisch-esoterischen *New Age*, dem „Zeitalter des Wassermanns“ (vgl. z.B. Werner Thiede, »New Age« in religionstheologischer Betrachtung, in: M. Moravčíková (Hg.), New Age, Bratislava 2005, 560–576) nennen das digitale Zeitalter so Eric Schmidt/Jared Cohen, Die Vernetzung der Welt, Reinbek 2013, im Originaltitel.

„Wer bin ich, und wenn ja, wie viele?" (David Precht). Denn Cyberwelten und „Daten vernichten Individualität."[36] Frank Schirrmacher hat den Sachverhalt wie folgt ausgedrückt: „Die Zeiten, wo das digitale Ich dem empirischen Menschen aus Fleisch und Blut wie ein Schatten folgt, sind bald vorbei. Das digitale Ich, jetzt noch Nummer 2, wird Nummer 1 immer häufiger ersetzen, verändern und zumindest in wesentlichen Teilen übernehmen."[37]

Diese Entwicklung hat nicht zuletzt mit dem Umstand zu tun, dass digitale Technologien geeignet sind, den menschlichen Narzissmus, sein sündhaftes Um-sich-selbst-Kreisen, seine Selbstverliebtheit ungemein zu forcieren. Digitale Selbstvermessung[38], „Selfies" bei ungefähr jeder Gelegenheit sowie Selbstvermarktung in den *Social Media* sind heute der letzte Schrei. Das digital quantifizierte Selbst (*quantified self*)[39] wird zum Hit. Der so befeuerte Narzissmus verdankt sich angesichts des omnipräsent gewordenen Internets auch einem verstärkten Sog in primär-narzisstischer Richtung, wie der Psychologe Wolfgang Bergmann erklärt: „Wenn sich nun also mit Hilfe der neuen Technologien urplötzlich Erlebnislandschaften und Kommunikationsfelder auftun, die den harten, widerständigen Charakter der gegenständlichen Welt zeitweise widerrufen – sollten dann die zurückgedrängten archaischen und narzißtisch-untröstlichen Wunschanteile nicht nach ihnen greifen wie nach einer unvergleichlichen Befreiung?"[40] Solch scheinbare Befreiung kommt der Ersatz-Erlösung eines Drogentrips nahe – und macht süchtig. In der Tat ist der aus dem Mythos stammende Name *Narziss* verwandt mit dem Wort *Narkose*: „Die Unterdrückung des Fühlens, des Schmerzes wird damit Programm. Wer keinen Schmerz mehr empfindet, braucht auch keinen Trost, wird damit unabhängig und stolz, was die ‚Grandiosität' des Narzissmus erklärt."[41] So gehen Selbstverliebtheit und Selbstaufblähung Hand in Hand. Beide werden potenziert durch die bestechenden Möglichkeiten digitaler Technologien.

---

36 Christoph Kucklick: Der vermessene Mensch, in: GEO 8/2013, 80–98, hier 91.

37 Frank Schirrmacher, Die neue digitale Planwirtschaft, in: F.A.Z. Nr. 97 vom 26.4.2013, 31. Vgl. auch Stephan Humer, Digitale Identitäten. Der Kern digitalen Handelns im Spannungsfeld von Imagination und Realität, Winnenden 2008.

38 Vgl. Stefan Selke (Hg.), Lifelogging. Digitale Selbstvermessung und Lebensprotokollierung zwischen disruptiver Technologie und kulturellem Wandel, Wiesbaden 2016.

39 Kritisch dazu Byung-Chul Han, Psychopolitik. Neoliberalismus und die neuen Machttechniken, Frankfurt a.M. 2014, 82ff.

40 Wolfgang Bergmann, Abschied vom Gewissen. Die Seele in der digitalen Welt, Asendorf 2000, 150.

41 Hans-Joachim Maaz, Die narzisstische Gesellschaft. Ein Psychogramm, München 2012, 7.

Mittlerweile sind dem Psychologen Hans-Joachim Maaz zufolge die Störungen der Selbstliebe derart häufig geworden, dass man von einer ‚gestörten Normalität' sprechen kann: Die „Verbreitung der narzisstischen Störung mit ihren zerstörerischen und lebensbedrohlichen Folgen lässt sich, ähnlich der Pest im Mittelalter, kaum noch beherrschen."[42] So liegt es nahe, dass digital genährter Narzissmus in einen entsprechenden Massenwahn münden kann. Der amerikanische Schriftsteller Dave Eggers, Autor des digitalisierungskritischen Romans *The Circle*, warnt: „Wir sind alle geblendet von den Verheißungen der Technik, den Erleichterungen, dem Zugang zu allem, wir sind blind für die Gefahren, die so winzig erscheinen im Vergleich zu den tollen Möglichkeiten. Ich glaube, es wird keine Änderung im Verhalten der Menschen geben, solange die Herrlichkeiten so viel größer erscheinen als die Gefahren."[43] Wichtig ist theologisch hierbei, dass narzisstische Strukturen geeignet sind, die Gewissen zu schwächen[44] – ermöglichen sie doch „die Phantasie, dass einem alles gegeben und erlaubt sei"[45]! Gut und Böse werden folglich kaum mehr differenziert, und so wird das Böse leicht zur Banalität.

Potenzierter, krankhafter Narzissmus lässt zudem die Empathie schwinden. Theologisch kann es nicht gleichgültig sein, wenn in der Folge der vor einigen Jahren verstorbene Philosoph Günter Rohrmoser konstatiert: „Das Ethische ist in die Technik hinein verschwunden. Die Ethik ist nicht mehr da."[46] Wen wundert es, dass die Germanistin Gertrud Höhler diagnostisch von einer „Glücksorganisation" spricht, „die auf einzelne Unglückliche nicht achten kann"[47]? Eine *coole* Gesellschaft ohne Rücksichtnahmen auf die Risiken und die Verlierer der digitalen Revolution ist kein überraschender Ausdruck des Umstands, dass sich die Sünde mit den technischen Möglichkeiten des Menschen potenziert. Immer deutlicher zeigt sich das Böse im Netz als eine ungefähr überall anzutreffende, bedeutende Wirklichkeit – ob in Gestalt von Cyber-Mobbing, Ausspähung, Ausbeutung, Süchten,

---

42 Maaz, a.a.O. 17. Auch die Psychologen Jean M. Twenge und W. Keith Campbell konstatieren, „der Narzisst sei vielfach der Normalo geworden" (zit. nach Thomas Fischermann/Götz Hamann: Zeitbombe Internet, Gütersloh 2011, 124).

43 http://www.faz.net/aktuell/feuilleton/buecher/fuer-eine-neue-erklaerung-der-menschenrechte-der-autor-dave-eggers-im-gespraech-13089419-p4.html (Zugriff 14.8.2014).

44 Vgl. Bergmann, a.a.O. 186f und 220.

45 Leon Wurmser, Die zerbrochene Wirklichkeit, Berlin u.a. ²1993, 77.

46 Günter Rohrmoser, Platon hochaktuell II, Bietigheim 2008, 3.

47 Gertrud Höhler, Das Glück. Analyse einer Sehnsucht, Düsseldorf/Wien 1981, 100.

regelrechter Internetkriminalität[48], Computerattacken[49] und namentlich all dem, was im sogenannten *Dark Net* stattfindet[50]. Oft genug kommt das Böse in Lichtgestalt daher – und wohl noch öfter in der banalen Maske des Alltäglichen und unüberschaubarer Strukturen. Dass wir in einer von Gott entfremdeten Welt leben, wird gerade auch in den virtuellen Kontexten der Digitalisierung stetig erfahren. Die digitale, unmenschlich beschleunigte[51] Revolution produziert keine heile Welt, sondern setzt die Ambivalenzen unseres Lebens nur in verstärkter Weise fort.

Gefährdet ist der Mensch als Sünder und infolge der Sünde übrigens nicht nur durch seinen digital gesteigerten Narzissmus, sondern auch durch das scheinbare Gegenteil davon: die *Depression*. Seelische Niedergedrücktheit ist jedoch oft kein Gegensatz, sondern eine Folge des Narzissmus. Denn psychische Selbstaufblähung scheitert zwangsläufig immer wieder an der Realität und führt demgemäß zu Enttäuschung und Verbitterung. So erklärt sich ein Stück weit die enorme Zunahme von Depressionen mit dem Fortschritt der digitalen Revolution. Gerade auch der scheinbar positive Austausch mit anderen in den *Social Media* kann deprimieren, wie eine Studie aus Österreich zeigt: „Je länger sich die Versuchspersonen in dem sozialen Netzwerk aufhielten, desto schlechter wurde deren Laune. Hauptgrund für die miese Stimmung ist das Gefühl, seine Zeit auf Facebook sinnlos zu vergeuden."[52] Das dürfte auch insgesamt für die aus Einsen und Nullen gebaute Welt des Digitalen gelten: Menschen spüren mit der Zeit die innere Leere des technizistischen Gaukelspiels, des materialistischen Schlaraffenlands, der virtuellen Identitäten. Das Diabolische der smarten Verheißungen mag eine Zeit lang faszinieren, macht aber auf Dauer eher unglücklich. Theologisch aber

---

48 Vgl. Manfred Wernert, Internetkriminalität: Grundlagenwissen, erste Maßnahmen und polizeiliche Ermittlungen, Stuttgart 2017; Adrian Haase, Computerkriminalität im Europäischen Strafrecht, Tübingen 2017.

49 Den ZEIT-Journalisten Thomas Fischermann und Götz Hamann zufolge steuert das Internet auf die größte Krise seiner Geschichte zu (Zeitbombe Internet. Warum unsere vernetzte Welt immer störanfälliger und gefährlicher wird, 2011, bes. 12, 129, 234 und 29).

50 Vgl. Evgeny Morozov, The Net Delusion. The Dark Side of Internet Freedom, New York 2011.

51 Siehe dazu meine Aufsätze „Die Beschleunigungsgesellschaft. Wie digitales Tempodiktat dem Posthumanismus zuarbeitet" (Materialdienst der EZW 5/2015, 164–172) und „Zunehmende Digitalisierung als Beschleunigung der Gesellschaft" (Persönliche Mitteilungen des Pfarrerinnen- und Pfarrergebetsbunds Nr. 171, 2/2017, 23–31).

52 Siehe http://www.focus.de/digital/internet/facebook/soziale-netzwerke-miese-stimmung-studie-erklaert-warum-uns-facebook-runterzieht_id_ 3831681.html (Zugriff 20.5.2014).

haben Franz von Assisi und ebenso Martin Luther den Teufel als den „Geist der Traurigkeit" ausgemacht. Steckt am Ende gar dieser Geist hinter den Mächten der weltumgreifenden, weltenstürzenden Revolution von heute? Jedenfalls hat die Freudenbotschaft von Jesus Christus gerade in der von Depressionen geplagten Gesellschaft Hilfreiches auszurichten: Sie schenkt dem Glaubenden eine neue Würde, eine durch nichts verlierbare Identität und bleibende Orientierung im Chaos des Lebens; sie befreit von Schuld- und Sündengedanken und eröffnet eine unüberholbare Hoffnung.

5. Digitale Revolution und Eschatologie

Trans- und Posthumanisten neigen zu dem Glauben (welch ein starker Glaube!), die digitale Revolution könne die Menschen im Laufe der weiteren Entwicklung in Richtung einer technischen Unsterblichkeit oder gar Auferstehung der führen[53]. Damit wird deutlich, wie sich hier eine technokratische Ersatzreligion ausbreitet, die echte Religiosität zu ersticken droht. Die realutopische Spekulation auf eine selbstgemachte Schlaraffenland-Welt wirkt spiritueller Hoffnung entgegen. Das gilt es theologisch ernsthaft zu bedenken.

Das offenkundige Streben nach digitaler Selbsterlösung ist – von Hebr 2,15 her bedacht – Ausdruck einer tiefen Angst vor dem Tod. Ahnt der Mensch doch, dass er den Verheißungen des Lebens und der Unsterblichkeit, wie sie von den Propheten der Digitalisierung heute vollmundig gewagt werden, nicht wirklich glauben kann! Denn wie weit auch immer Wissenschaft und Technik kommen werden, sie werden das Verglühen der Galaxien und damit auch die Auflösung aller technischen Strukturen am Ende sicher nicht verhindern. Der Mathematiker und christliche Philosoph Blaise Pascal hat schon zu Beginn der Neuzeit gewusst: „Da die Menschen kein Heilmittel gegen den Tod, das Elend, die Unwissenheit finden konnten, sind sie, um sich glücklich zu machen, darauf verfallen, nicht daran zu denken"[54]. Gerade auch darum ist Zerstreuung ein geheimes Hauptmotiv des Lebens mit dem Digitalen. Und eben deshalb findet die Tabuisierung des Todes auch in der digitalisierten Gesellschaft kein Ende. Die Bewältigung der Todesangst lässt sich als Aufgabe jeder Kultur beschreiben. So ist der Psychoanalytiker Ernest Becker überzeugt, dass „die Furcht vor dem Tode ein universelles Phänomen" ist,

---

53 Vgl. Thiede, Digitaler Turmbau, a.a.O. 146ff, sowie Oliver Krüger, Virtualität und Unsterblichkeit. Die Visionen des Posthumanismus, Freiburg i.Br. 2004; Philipp von Becker, Der neue Glaube an die Unsterblichkeit: Zur Dialektik von Mensch und Technik in den Erlösungsphantasien des Transhumanismus, Wien 2015.

54 Blaise Pascal, Pensées, Nr. 176.

welches den Menschen „wie nichts sonst" prägt und als maßgeblicher Faktor in seiner Kulturbildung wirksam wird[55]. Eine amerikanische Forschergruppe hat die daraus resultierende „Todesangst-Bewältigungstheorie" experimentell überprüft und bestätigt[56]. Gerade auch in der digitalisierten Kultur ist der Versuch offensichtlich, am Ende den Tod bewältigen zu können – technisch. Darum gerät der Mensch, am Tropf der digitalen Möglichkeiten hängend, schon oft in Panik, wenn ihm sein Smartphone nur eine Stunde lang entzogen wird. Als wäre im Digitalen die Quelle des wahren und des ewigen Lebens zu finden!

Der Zukunftsforscher Matthias Horx weiß: Manche meinen, „dass sich um uns herum eine Supertechnik entwickelt, die demnächst jenen großen Durchbruch in die transzendente Hypertechnologie bringt, der uns von allen Nöten der Sterblichkeit, der Krankheit, des Leidens befreien wird. Künstliche Intelligenz wird alle Probleme über kurz oder lang lösen."[57] Dass dem womöglich so sein könnte, zu dieser Hoffnung hat schon vor über zwei Jahrzehnten der Naturwissenschaftler Frank Tipler in seinem Buch „Die Physik der Unsterblichkeit. Moderne Kosmologie, Gott und die Auferstehung der Toten" (1994) verführt. Als Physikprofessor, der sich als Astrophysiker und Kosmologe einen Namen gemacht hatte, beanspruchte er, „eine beweisbare physikalische Theorie" zu entfalten, „die besagt, daß ein allgegenwärtiger, allwissender, allmächtiger Gott eines Tages in der fernen Zukunft jeden einzelnen von uns zu einem ewigen Leben an einem Ort auferwecken wird, der in allen wesentlichen Grundzügen dem jüdisch-christlichen Himmel entspricht"[58]. Was hier zunächst nach einer physikalischen Untermauerung religiöser Zukunftshoffnung klingt, erweist sich bei näherer Betrachtung als Versuch, traditionelle Auferstehungshoffnung ins Korsett einer technizistischen Kosmologie zu zwingen. Gott gilt bei Tipler nicht mehr als der Schöpfer und Vollender des Universums,

---

55 Ernest Becker, Dynamik des Todes. Die Überwindung der Todesfurcht – Ursprung der Kultur, Olten-Freiburg 1976, 9. W. H. Riehl formulierte bereits im 19. Jahrhundert: „Dieser Kampf gegen den Tod ist es, durch welchen der Tod zur mächtigsten bewegenden Kraft in allem menschlichen Leben wird" (Religiöse Studien eines Weltkindes, Stuttgart 1895, 32). Der britische Philosoph und Diplomat Stephen Cave hat 2012 ein Buch veröffentlicht, das den aufschlussreichen Titel trägt: „Unsterblich. Die Sehnsucht nach dem ewigen Leben als Triebkraft unserer Zivilisation".

56 Vgl. Hermann Vogt, Todesangst prägt die Kultur mit. Entdeckungen amerikanischer Psychologen, in: Lutherische Monatshefte 29, 9/1990, 402–404.

57 Matthias Horx, Das Megatrend-Prinzip. Wie die Welt von morgen entsteht, München 2011, 192. Vgl. auch Roger Penrose, Computerdenken. Des Kaisers neue Kleider oder Die Debatte um Künstliche Intelligenz, Heidelberg 1991.

58 Frank J. Tipler, Die Physik der Unsterblichkeit. Moderne Kosmologie, Gott und die Auferstehung der Toten, München 1994, 24.

sondern pantheistisch als das Universum oder ein Teil davon, wie er der Physik im Prinzip zugänglich sein müsse. In ihm als „Omegapunkt" werde sich in ferner Zunkunft alle endliche Existenz vervollständigen. Die „Seele" des Menschen reduziert Tipler demgemäß auf ein „hochkomplexes Computerprogramm"[59]. Unsterblichkeit oder Auferstehung komme in ferner Zukunft zustande durch eine von Computern erzeugte exakte Simulation bzw. „Emulation" der Originale[60]. Der göttliche Omegapunkt werde wahrscheinlich die gesamte universelle Geschichte gleichzeitig erleben – allerdings nur „simultan". Das Attribut des Ewigen komme ihm insofern zu, als ihm die gesamte Information aus der Vergangenheit im physikalischen Universum zur Analyse zur Verfügung stehen werde. Hochspekulativ meint Tipler: „Tatsächlich ist die universelle Wiederauferstehung physikalisch möglich, auch wenn aus dem Vergangenheitskegel keinerlei Information über ein Individuum gewonnen werden kann. Denn nachdem die gesamte Computerkapazität grenzenlos zunimmt, je näher der Omegapunkt rückt, folgt daraus, daß irgendwann unvermeidlich eine Zeit kommt, in der genügend Computerkapazität vorhanden sein wird, um unsere heutige Welt, solange nur eine rudimentäre Beschreibung von ihr permanent gespeichert ist, einfach durch schiere Kraft zu simulieren, nämlich durch eine exakte Simulation – eine Emulation – aller logisch möglichen Varianten unserer Welt."[61] Die Toten würden auferstehen, sobald die Leistungsfähigkeit aller Computer im Universum so groß sein werde, dass die zur Speicherung aller möglichen menschlichen Simulationen erforderlichen Kapazität nur noch einen unbedeutenden Bruchteil der Gesamtkapazität darstellen werde. Doch selbst dann werde es noch einige tausend Jahre bis zur sogenannten „Auferstehung der Toten" dauern. Tipler meint: „Die menschliche Seele ist nicht von Natur aus unsterblich: Wenn der Mensch tot ist, ist er tot, bis der Omegapunkt ihn wiedererweckt. … Was bei der Auferstehung, wie oben beschrieben, geschieht, ist nichts anderes als die Simulierung einer exakten Replik unser selbst im Geist der Computer der fernen Zukunft."

Etwas anderes als eine Simulation, eine „exakte Replik" unserer Identität oder dergleichen hat solch eine technokratische Ersatzreligion freilich nicht anzubieten. Dies hat schon vor 60 Jahren Stanislaw Lem in seinem klugen Dialog „Die Auferstehungsmaschine" (1957) vor Augen geführt[62]. Doch das ignorieren

---

59 Ebd. und 163.

60 A.a.O. 258; nächstes Zitat ebd. 202f.

61 Tipler, a.a.O. 270–282: Am Ende werde gar die Simulation aller möglichen sichtbaren Universen möglich sein. Nächstes Zitat ebd. 282.

62 Vgl. Stanislaw Lem, Die phantastischen Erzählungen, hg. von W. Berthel, Frankfurt a.M. 1988, 343–361.

Transhumanisten: Sie verfolgen „Ziele, die durchaus mit religiösen Termini be-
schrieben werden können: Erlösung, Ewiges Leben, Schöpfung."[63] So zeigt sich der
Zukunftsforscher Hans Moravec überzeugt von den Heilsmöglichkeiten künftiger
Technik: Stück für Stück unseres versagenden Gehirns werde einst durch überle-
gene elektronische Ersatzteile erhalten werden. „So könnten Persönlichkeiten und
Gedanken des Menschen klarer als vorher fortbestehen, obwohl am Ende keine
Spur des ursprünglichen Körpers oder Gehirns mehr übrig ist."[64] Auch der russische Milliardär Dimitry Itskov, Gründer der „Initiative 2045"[65], die sich zum Ziel
gesetzt hat, Menschen bis zum Jahr 2045 unsterblich zu machen[66], ist überzeugt,
das Bewusstsein sei in elektronischer Form zu retten. Bereits um 2035 würden
Wissenschaftler in der Lage sein, das menschliche Gehirn und Bewusstsein auf
Computer zu kopieren und somit in Roboter zu verpflanzen, wodurch ein Weiter-
leben nach dem Tod möglich sein werde. 2045 werde es schließlich Unsterblichkeit
in Form von rein in künstlichen Medien existierenden Menschen geben, die durch
holographische Avatare repräsentiert würden. Ähnliches verkündet in Amerika
der Erfinder, Technik-Prophet und Geschäftsmann Ray Kurzweil, den inzwischen
der Google-Konzern unter Vertrag genommen hat: Er ersehnt den Triumph der
künstlichen Intelligenz über die menschliche – und die baldige, ihm persönlich
noch zugute kommende Realisierung des utopischen Ziels, dass die Technik ewiges Leben bringe[67]. Auch er meint, bis etwa 2045 solle die Unsterblichkeit erreicht,
weil das Altern besiegt sein[68]. Ein Focus-Kommentar dazu lautete: „Es bleibt zu
hoffen, dass der Mensch seine Menschlichkeit dabei nicht überwindet."[69]

---

63 Ornella, a.a.O. 100. Für den Transhumanismus ist ja die Befreiung vom „Fleisch" ein
    zentrales Thema.
64 Hans Moravec, Computer übernehmen die Macht. Vom Siegeszug der künstlichen
    Intelligenz, Hamburg 1999, 265.
65 http://2045.com (Zugriff 22.2.2013).
66 Vgl. auch http://www.pressetext.com/news/20120806019#news/20120824001 (Zugriff
    2.9.2012). Dazu Jörg Uwe Albig, Die Sehnsucht nach dem ewigen Leben, in: GEO
    Wissen Nr. 51/2013, 154–161.
67 Vgl. Heike Buchter/Burkhard Strassmann, Die Unsterblichen, in: DIE ZEIT Nr.
    14/2013, 23.
68 Namentlich der amerikanische Internetkonzern *Google* will das Altern verzögern: Er
    kündigte im September 2013 die Gründung eines entsprechenden Gesundheitsunter-
    nehmens an, das Calico heißen soll (vgl. F.A.Z. Nr. 219 vom 20.9.2013, 11). Vgl. auch
    John Gray, Wir werden sein wie Gott. Die Wissenschaft und die bizarre Suche nach
    Unsterblichkeit, Stuttgart 2012.
69 Zit. nach: Focus 15/2017, 82.

Warum hier sachlich und theologisch naive Fehlschlüsse vorliegen, erläutert der Zukunftsforscher Andreas Eschbach: „Dass unser Geist, das Bewusstsein letztlich eine Art Software sei, die zufällig auf der Hardware Gehirn abläuft, aber genauso gut auf jede andere Hardware übertragbar sein soll, ist ein moderner Mythos, aber keinesfalls gesicherte Tatsache. Gesicherte Tatsache ist, dass es darüber, wie Geist, Intelligenz, überhaupt Bewusstsein zustande kommen – wie es also kommen kann, dass wir *ich* sagen können; wie es zugeht, dass wir *sind* und, schlicht gesagt, aus unseren Augen hinaus in die Welt gucken können –, noch keinerlei gesicherte Tatsachen gibt."[70] Desgleichen betont Reinhold Popp, Leiter des Zentrums für Zukunftsstudien der Fachhochschule Salzburg: „Das menschliche Bewusstsein ist unendlich komplex; die Annahme, es könne auf Maschinen übertragen werden, ist blauäugig."[71] Kurz: Es gibt keine abstrakte Transformation von Hirn in Digitalität.

Der Journalist Jörg-Uwe Albig hat 2013 nach gründlichen Recherchen resümiert, der digitalen Technologie gehe es bestenfalls um „eine Unsterblichkeit, die weniger der Auferstehung des Fleisches ähnelt als dem Nirwana."[72] Doch selbst in solch nebeliger Hinsicht besteht allenfalls eine entfernte Ähnlichkeit: Wer wollte ernsthaft glauben, in der digitalen Realutopie seine Seligkeit finden zu können? Sind die religiösen Fragen über alles Innerweltliche und produzierte Virtuelle hinaus nicht zu ernst, als dass sie sich mit den Versprechungen und Verführungen der digitalen Revolution zudecken oder abspeisen lassen könnten? Solches Abspeisen funktioniert nur solange, wie den Menschen nichts Besseres einleuchtet.

---

70 Andreas Eschbach, Das Buch von der Zukunft, Berlin ²2005, 82. Ulrich Schnabel stellt fest: „Noch immer stehen wir staunend vor dem Wunder, wie drei Pfund graue Materie die schönsten (und schwachsinnigsten) Gedanken und Gefühle hervorbringen und wie sie spielend Dinge meistern, an denen jeder Supercomputer scheitert. ... Bereits jetzt zeigt sich, dass es keinen für alle Gehirne gültigen Masterplan gibt, sondern dass jedes Denkorgan so individuell ist wie der dazugehörige Mensch. Gut möglich, dass am Ende die Neuroprojekte zu der Einsicht führen, dass unser geistiges Universum so unausrottbar ist wie das reale All; und dass die Kenntnis einer fremden Gedankenwelt zu unmöglich bleibt wie die Reise in ein Paralleluniversum" (Terra incognita im Kopf, in: DIE ZEIT Nr. 9/2013, 35).

71 http://www.pressetext.com/news/20120824001 (Zugriff 19.3.2013). Popp weiter: „Zwar gab es öfter rasante Entwicklungen, für deren Vorhersage Menschen noch ein paar Jahre vor dem Eintreten ausgelacht worden sind, siehe Mobiltelefonie, aber die Verpflanzung des Bewusstseins ist schlicht zu komplex für eine solche Überraschung. Das klingt einfach nach einer Übersetzung des alten Alchemisten-Traums vom ewigen Leben in unsere moderne Zeit."

72 Albig, a.a.O. (GEO Wissen Nr. 51), 161.

Hier sind umso mehr Theologie und Kirche gefragt – aber nicht etwa als Mächte, die den Weg ins Digitale mitgehen, sondern als Botschafter, die Wege aus der digitalen Vernetzung, Verstrickung und verborgenen Hoffnungslosigkeit weisen können. Eine reflektierte Eschatologie hat in letzten Fragen mehr als jeder Trans- oder Posthumanismus zu bieten. Sie sollte neugierig machen auf die vollendete, neue Welt Gottes – und sich von daher als kritikfähig gegenüber innerweltlichen Heilsversprechen erweisen[73]. Sie vermag aufzuklären über die Versuchungen der um sich greifenden technokratischen Ersatzreligion, indem sie mit neuem Elan von jener menschenfreundlichen Macht redet, der die wahre Zukunft gehört[74].

6. Perspektive: Digitalisierung als Herausforderung für theologische Ethik

Vom christlichen Menschen- und Gottesverständnis her legt sich ein kritischer Blick auf die technizistische Umgestaltung unserer Kultur nahe. Theologie und Kirche haben allen Anlass, die aktuelle, ins Totalitäre weisende Entwicklung der fortschreitenden digitalen Revolution ethisch zu bewerten und entsprechende Appelle an Politik und Gesellschaft auszurichten. Die begonnenen und sich ver- stärkenden Veränderungen unterliegen keinem Naturgesetz; sie sind mitnichten alternativlos und bedürfen angesichts ihrer umfassenden Auswirkungen dringend verantwortlicher, vernünftiger und geistlicher Reflexion.

Christliche Ethik steht für Mitmenschlichkeit und Barmherzigkeit. Sie setzt sich ein für die Bewahrung der Schöpfung im ökologischen Sinn. Darum dür- fen Theologie und Kirche zu den sich abzeichnenden Problemen bei totaler Digitalisierung der Lebenswirklichkeit nicht länger schweigen. Sie sind freilich „volkskirchlich" so in die gesellschaftlichen Entwicklungen involviert, dass der Zeitgeist in ihren Reihen oft genug dazu beiträgt, den Gottesgeist zu dämpfen.

---

73 Vgl. Werner Thiede, Die digitale Religion, in: Sonntagsblatt (München) Nr. 8/2014, 4–6. Mit Recht hat Thomas de Maizière gemahnt: „Man beachte die Reihenfolge des- sen, woran die Kirche erinnern soll: zuerst das Reich Gottes, dann das Weltliche!" (Frau Käßmann, ich widerspreche! in: DIE ZEIT/Christ & Welt Nr. 46/2012, 3–4, hier 3).

74 Das Hören und Verstehen der Botschaft von der Menschwerdung Gottes stoppt die Fluchtbewegung des Menschen aus der bedrückenden, vergänglichen Wirklichkeit hinaus. Der in unser Fleisch gekommen *logos* lenkt unseren Blick und unser Herz zurück in die Wirklichkeit der Leibhaftigkeit der Schöpfung und lässt uns Einstimmen in das Vergehen der alten Welt, weil uns die Gewissheit des kommenden neuen Welt Gottes bestimmt. Der Mensch gewordene Gott gibt uns Heimat auf Erden und Hei- mat im Himmel; jede *second world* wird absolut sekundär, und soziale Vernetzungen verlieren an Versuchlichkeit.

So kann man zwar kritische Stellungnahmen zu Gunsten von Menschenwürde und Ökologie immer wieder hören, wie sie von den Kirchen vielfach noch erwartet werden[75]. Beispielsweise hat der EKD-Ratsvorsitzende und Landesbischof der Evangelisch-Lutherischen Kirche in Bayern, Heinrich Bedford-Strohm, mit deutlichen Worten herausgestellt, „welch zentrale Rolle den Kirchen als Akteurinnen der Transformation in der weltweiten Zivilgesellschaft zukommt"[76]. Und die einstige Ratsvorsitzende der Evangelischen Kirche in Deutschland, Margot Käßmann, hat unterstrichen: „Wir können uns nicht ständig als Ausgelieferte in einem anonymen System betrachten. Wir sollten genau hinsehen und hinhören, selbst Verantwortung übernehmen und diejenigen zur Rechenschaft rufen, die für Fehlentwicklungen und Unrecht verantwortlich sind, sich bereichern, handeln und entscheiden, was nicht der Zukunft dient."[77] Aber hinsichtlich der radikalen Digitalisierungsprozesse mit den geschilderten Risiken ist es bisher in Theologie und Kirche insgesamt doch erstaunlich ruhig geblieben[78]. Als stellten die drohende Verschwendung riesiger Energieressourcen durch die weltweiten Digitalisierungsexzesse und die mit ihnen verbundenen gesundheitlichen Gefahren etwa durch Mobil- und Kommunikationsfunk, wie er für die Omnipräsenz der Totaldigitalisierung unerlässlich ist und bald schon mit einer Übertragungsgeschwindigkeit in Echtzeit funktionieren soll (ohne dass seine biologischen Effekte hinreichend erforscht und die Leiden Elektrosensibler ernsthaft berücksichtigt wären[79]), keine echte Herausforderung für theologisches bzw. kirchliches Denken und Handeln dar! Heinrich Bedford-Strohm mahnt mit Recht, angesichts der

---

75　Der Philosoph Gernot Böhme fordert „einen von den Kirchen gestützten Widerstand gegenüber der schrankenlosen Technisierung der Natur, sowohl der äußeren wie auch der menschlichen Natur" (a.a.O., 303).

76　Heinrich Bedford-Strohm, Große Transformation, in: Zeitzeichen 5/2013, 8–11, hier 11.

77　Margot Käßmann, Für eine bessere Welt, in: adeo 1/2013, 4–6, hier 5. Als Botschafterin für das Reformationsjubiläum 2017 sagt Käßmann: „Angesichts all der Anpassung, der einschläfernden Ablenkungsindustrie der Medien, der Volksverdummung durch Banalitäten, brauchen wir Nervensägen, die noch fragen nach Sinn, nach Würde, nach Gerechtigkeit" (zit. nach: Sonntagsblatt Nr. 20/2013, 8).

78　Theologische Bücher zum Thema mit angemessen kritischem Blick gibt es bisher lediglich von Johanna Haberer („Digitale Theologie", München 2015) und mir (s.o. Anm. 1).

79　Vgl. insgesamt Werner Thiede, Mythos Mobilfunk. Kritik der strahlenden Vernunft, München 2012, sowie Kompetenzinitiative zum Schutz von Mensch, Umwelt und Demokratie e.V. (Hg.): Gegen Irrwege der Mobilfunkpolitik – für Fortschritte im Strahlenschutz. Kritische Bilanz nach einem Vierteljahrhundert des Mobilfunks, St. Ingbert 2017.

heutigen technologischen Entwicklungen seien auch und besonders diejenigen gründlich zu hören, die selbst keine unmittelbaren Interessen mit deren Nutzung verbinden: „Sie müssen insbesondere dann gehört werden, wenn ihre Lebensmöglichkeiten dadurch sogar eingeschränkt werden."[80]

Also sind Widerspruch, Protest[81], ja gegebenenfalls Widerstand[82] und entschiedene Einseitigkeit angesagt. Das gilt jedenfalls für Menschen, die bewusst im Glauben an den auferstandenen Gekreuzigten[83] und hoffnungsfroh im Horizont des kommenden Gottesreiches leben. Sie sollten wahrnehmen, dass selbst manche Befürworter der digitalen Zukunft – wie etwa Jeff Jarvis – deren Gefahrenpotenzial erkennen: „Da wir uns einer epochemachenden Umwälzung gegenüber sehen, ist es nicht nur in Ordnung, sondern auch notwendig, dass wir uns fragen, was schiefgehen könnte und was wir gegen unsere schlimmsten Befürchtungen tun könnten."[84] Zu welchen Appellen sollten sich da erst Christinnen und Christen aufraffen, die um die von ihrem Herrn geschenkte und gebotene

---

80 Heinrich Bedford-Strohm, Position beziehen. Perspektiven einer öffentlichen Theologie, München 2013, 105f.

81 Hierzu erlaube ich mir als protestantischer Theologe einen Hinweis, in welcher Beziehung solcher Protest mit der Konfession des Protestantismus stehen könnte. „Protestantismus" meint keineswegs einen Protest der Evangelischen gegen die Katholiken und deren steiles Kirchenverständnis. Vielmehr hat er seinen historischen Ursprung im Jahr 1529, als es für die evangelischen Fürsten in bedrängter Lage um die Wahrung ihres Rechts auf freies Religionsbekenntnis ging; gegen dessen Beraubung protestierten sie damals. Freilich war ihnen dieses Freiheitsrecht gerade deswegen besonders wichtig geworden, weil Freiheit für sie – nachdem sie Luthers Freiheitsschrift von 1520 gelesen hatten – ein spiritueller Begriff von hohem Wert war. Von daher fühle auch ich mich als evangelischer Theologe im Geist dieser christlichen Freiheit verpflichtet, einer für unsere Freiheit insgesamt bedrohlichen Entwicklung entgegenzutreten.

82 Bereits Hans A. Pestalozzi hat gemahnt: „Wir sollten viel intensiver über die Frage des Widerstandes gegen falsche Technologien diskutieren" (Nach uns die Zukunft. Von der positiven Subversion, München 1979, 131).

83 Jan Ross überlegt: „Die Gegenwart produziert eine ungeheure Vielfalt an Glücksmöglichkeiten – wirtschaftlich, komfortmäßig, sexuell, emotional –, aber auch einen eigenen Glücksterror. Hoffnungslose Fälle, die komplett aus der Leistungs- und Genussgesellschaft herausfallen, sind nicht vorgesehen. Das Kreuz steht dagegen ... für ein Bild vom Menschen, das kostbar und bedroht ist" (Das ist Gott!, in: DIE ZEIT Nr. 47/2012, 70).

84 Jeff Jarvis, Mehr Transparenz wagen! Wie Facebook, Twitter & Co die Welt erneuern, Köln 2012, 284.

Liebe wissen – und dabei sich gegebenenfalls auch an die eigene Brust zu schlagen haben[85]!

Nicht dumpfe Digitalisierungs*phobie* steht an, sondern spirituelle Wachsamkeit im Blick auf das Drohende und Herausfordernde. Jetzt ist die Zeit da, sich energisch auf Bewährtes und ökologisch Sinnvolles zu besinnen, um notwendigen Protest öffentlich zu machen[86]. Morgen könnte es bereits für vieles zu spät sein. Deshalb gilt es, verstärkt aufzuklären und vorhandene Kräfte zu Gunsten einer analogen Konterrevolution zu konzentrieren. Die Chancen, dem Rad der totalen Digitalisierung erfolgreich in die Speichen fallen zu können, sind bereits gering; aber sie werden in Zukunft kaum wachsen. Mit Hans Jonas bleibt zu sagen: „Fatalismus wäre Todsünde"[87]! Theologisch ist ohnehin klar: Noch im Untergang gilt es ein Apfelbäumchen zu pflanzen. Die dynamisch kommende Gottesherrschaft ermächtigt, ja verpflichtet dazu. Am Ende wird der Neue Bund im Namen Jesu Christi auch das *New Digital Age* des Dataismus überdauern.

Literatur

Albig, Jörg Uwe: Die Sehnsucht nach dem ewigen Leben, in: GEO Wissen Nr. 51/2013, 154–161.

Aust, Stefan / Ammann, Thomas: Digitale Diktatur. Totalüberwachung – Datenmissbrauch – Cyberkrieg, Düsseldorf/Berlin 2014.

Becker, Ernest: Dynamik des Todes. Die Überwindung der Todesfurcht – Ursprung der Kultur, Olten-Freiburg 1976.

Becker, Philipp von: Der neue Glaube an die Unsterblichkeit. Zur Dialektik von Mensch und Technik in den Erlösungsphantasien des Transhumanismus, Wien 2015.

Bedford-Strohm, Heinrich: Große Transformation, in: Zeitzeichen 5/2013, 8–11.

---

85 So ist Jürgen Mette, Geschäftsführer der Stiftung Marburger Medien, überzeugt: Von den modernen Kommunikationsmitteln könnten Gefahren für das *geistliche* Leben ausgehen; wenn Christen nicht verantwortungsvoll mit Computer, Handy, Internet und sozialen Netzwerken umgingen, dringe Gottes Stimme nicht mehr zu ihnen durch (laut idea Spektrum 36/2012, 25).

86 Susanne Breit-Kessler unterstreicht: „Die Bibel und mehr noch der, der ihre Autoren inspiriert hat, Gott selbst, hat sich Realpolitik auf die Fahnen geschrieben. Eine, die die Wirklichkeit scharf in den Blick nimmt und dafür sorgt, dass Menschen an unbequemen Wahrheiten nicht vorbei kommen" (Das Wort zu Weihnachten, in: epd-bayern Nr. 103/2012, 3f, hier 3).

87 Vgl. Hans Jonas, Fatalismus wäre Todsünde. Gespräche über Ethik und Mitverantwortung im dritten Jahrtausend, Münster 2005.

Bedford-Strohm, Heinrich: Position beziehen. Perspektiven einer öffentlichen Theologie, München 2013, 105f.

Bergmann, Wolfgang: Abschied vom Gewissen. Die Seele in der digitalen Welt, Asendorf 2000.

Bergson, Henri: Die beiden Quellen der Moral und der Religion (1932), Olten 1980.

Bertram, Wulf: Nachgedacht, in: Nervenheilkunde 31 (2012), 681.

Böhme, Gernot: Invasive Technisierung. Technikphilosophie und Technikkritik, Kusterdingen 2008.

Brockmöller, Klemens: Industriekultur und Religion, Frankfurt a.M. [7]1964.

Buchter, Heike / Strassmann, Burkhard: Die Unsterblichen, in: DIE ZEIT Nr. 14/2013, 23.

Carr, Nicholas: Wer bin ich, wenn ich online bin…: und was macht mein Gehirn solange? Wie das Internet unser Denken verändert, München 2010.

Cave, Stephen: Unsterblich. Die Sehnsucht nach dem ewigen Leben als Triebkraft unserer Zivilisation, Hamburg 2012.

Dinter, Astrid: Adoleszenz und Computer. Von Bildungsprozessen und religiöser Valenz, Göttingen 2007.

Eschbach, Andreas: Das Buch von der Zukunft, Berlin [2]2005.

Fischer, Peter: Philosophie der Technik, München 2004.

Fischermann, Thomas / Hamann, Götz: Zeitbombe Internet, Gütersloh 2011.

Gräb-Schmidt, Elisabeth: Der Homo Faber als Homo Religiosus, in: K. Neumeister u.a. (Hg.), Technik und Transzendenz, Stuttgart 2012, 39–55.

Graf, Friedrich Wilhelm: Kirchendämmerung, München 2011.

Gray, John: Wir werden sein wie Gott. Die Wissenschaft und die bizarre Suche nach Unsterblichkeit, Stuttgart 2012.

Greenwald, Glenn: Die globale Überwachung. Der Fall Snowden, die amerikanischen Geheimdienste und die Folgen, München 2014.

Haase, Adrian: Computerkriminalität im Europäischen Strafrecht, Tübingen 2017.

Haberer, Johanna: Digitale Theologie, München 2015.

Hafner, Johann Evangelist / Valentin, Johann (Hg.), Parallelwelten. Christliche Religion und die Vervielfachung von Wirklichkeit, Stuttgart 2008.

Hamann, Götz / Heuser, Uwe Jean: Der Weltinternetlobbyist, in: DIE ZEIT Nr. 21/2011, 36.

Han, Byung-Chul: Psychopolitik. Neoliberalismus und die neuen Machttechniken, Frankfurt a.M. 2014.

Harari, Yuval Noah: Homo Deus. Eine Geschichte von Morgen, München 2017.

Herbrechter, Stefan: Posthumanismus. Eine kritische Einführung, Darmstadt 2009.

Hofstetter, Yvonne: Das Ende der Demokratie. Wie die künstliche Intelligenz die Politik übernimmt und uns entmündigt, München 2016.

Hofstetter, Yvonne: Sie wissen alles, München [4]2014.

Höhler, Gertrud: Das Glück. Analyse einer Sehnsucht, Düsseldorf/Wien 1981.

Hörhan, Gerald: Der stille Raub. Wie das Internet die Mittelschicht zerstört und was Gewinner der digitalen Revolution anders machen, Wien 2017.

Horx, Matthias: Das Megatrend-Prinzip. Wie die Welt von morgen entsteht, München 2011.

Humer, Stephan: Digitale Identitäten. Der Kern digitalen Handelns im Spannungsfeld von Imagination und Realität, Winnenden 2008.

Jarvis, Jeff Jarvis: Mehr Transparenz wagen! Wie Facebook, Twitter & Co die Welt erneuern, Köln 2012.

Jonas, Hans: Fatalismus wäre Todsünde. Gespräche über Ethik und Mitverantwortung im dritten Jahrtausend, Münster 2005.

Jonas, Hans: Gnosis und spätantiker Geist. Erster Teil: Die mythologische Gnosis, Göttingen [4]1988.

Kalcher, Verena: Transhumanismus. Wollen wir Alles, was wir theoretisch können? Saarbrücken 2013.

Käßmann, Margot: Für eine bessere Welt, in: adeo 1/2013, 4–6.

Köberle, Adolf: Rechtfertigung und Heiligung, Leipzig 1930.

Kompetenzinitiative zum Schutz von Mensch, Umwelt und Demokratie e.V. (Hg.): Gegen Irrwege der Mobilfunkpolitik – für Fortschritte im Strahlenschutz. Kritische Bilanz nach einem Vierteljahrhundert des Mobilfunks, St. Ingbert 2017.

Krüger, Oliver: Virtualität und Unsterblichkeit. Die Visionen des Posthumanismus, Freiburg i.Br. 2004.

Kucklick, Christoph: Der vermessene Mensch, in: GEO 8/2013, 80–98.

Lanier, Jaron: Wem gehört die Zukunft? Du bist nicht der Kunde der Internet-Konzerne, du bist ihr Produkt, Hamburg [2]2014.

Lem, Stanislaw: Die phantastischen Erzählungen, hg. von W. Berthel, Frankfurt a.M. 1988.

Lütz, Manfred: Bluff! Die Fälschung der Welt, München 2012.

Maaz, Hans-Joachim: Die narzisstische Gesellschaft. Ein Psychogramm, München 2012.

Maiziére, Thomas de: Frau Käßmann, ich widerspreche! in: DIE ZEIT/Christ & Welt Nr. 46/2012, 3–4.

Mesenhöller, Mathias: Wunder[n] über Wunder, in: GEO 1/2013, 52–66.

Moravec, Hans: Computer übernehmen die Macht. Vom Siegeszug der künstlichen Intelligenz, Hamburg 1999, 265.

Morozov Evgeny: Smarte neue Welt. Digitale Technik und die Freiheit des Menschen, München 2013.

Morozov, Evgeny: The Net Delusion. The Dark Side of Internet Freedom, New York 2011.

Ornella, Alexander D.: Das vernetzte Subjekt, Wien 2010.

Pascal, Pascal: Gedanken / Pensées, Stuttgart 1997.

Penrose, Roger: Computerdenken. Des Kaisers neue Kleider oder Die Debatte um Künstliche Intelligenz, Heidelberg 1991.

Pestalozzi, Hans A.: Nach uns die Zukunft. Von der positiven Subversion, München 1979.

Pretzer, Raimund: Das Netz der Botschaft, in: Korrespondenzblatt des Pfarrervereins der ELKB 11/2012, 145f.

Riehl, W.H.: Religiöse Studien eines Weltkindes, Stuttgart 1895.

Rohrmoser, Günter: Platon hochaktuell II, Bietigheim 2008.

Roney-Dougal, Serena: Wissenschaft und Magie, Frankfurt a.M. 2001.

Ross, Jan: Das ist Gott!, in: DIE ZEIT Nr. 47/2012, 70.

Ruch, Christian: „Well, look, I have succeeded!" Ein medienästhetischer Streifzug durch die Welt der virtuellen Realität, in: Elke Hemminger / Christian Ruch, Virtuelle Welten (EZW-Text 223), Berlin 2013, 5–23.

Schirrmacher, Frank: Die neue digitale Planwirtschaft, in: F.A.Z. Nr. 97 vom 26.4.2013, 31.

Schmidt, Eric / Cohen, Jared: Die Vernetzung der Welt, Reinbek 2013.

Schnabel, Ulrich: Terra incognita im Kopf, in: DIE ZEIT Nr. 9/2013, 35.

Schneider, Barbara: Die Mensch-Maschinen, in: Glaube + Heimat – http://www.mitteldeutsche-kirchenzeitungen.de/2014/08/06/die-mensch-maschinen (Zugriff 5.6.2017).

Schreiber, Julia: Zur Perfektionierung des Seins. Menschenbild und Selbstbild im Kontext zeitgenössischer Optimierungslogiken, in: Evangelium und Wissenschaft 37 (2016), 86–98.

Schwarke, Christian: Technik und Religion. Religiöse Deutungen und theologische Rezeption der Zweiten Industrialisierung in den USA und in Deutschland, Stuttgart 2013.

Selke, Stefan (Hg.): Lifelogging. Digitale Selbstvermessung und Lebensprotokol-lierung zwischen disruptiver Technologie und kulturellem Wandel, Wiesbaden 2016.

Strittmatter, Kai: Buch zwei, in: Süddeutsche Zeitung Nr. 116 vom 20.5.2017, 11.

Thiede, Werner: »New Age« in religionstheologischer Betrachtung, in: M. Moravčíková (Hg.), New Age, Bratislava 2005, 560–576.

Thiede, Werner: Akzeptanzzwang zu funkbasierten Messsystemen? Ein No-Go für Freiheitsliebende, Gesundheitsbewusste und Elektrosensible, in: Umwelt – Medizin – Gesellschaft 2/2017, 33–41.

Thiede, Werner: Christenmenschen sollten die Netz-Euphorie kritisch betrachten, in: Evangelische Aspekte 27, November 2017, 25f.

Thiede, Werner: Die ‚Digitalisierung aller Dinge‘ als totalitäre Gefahr. Wird die digitale Revolution zur weltanschaulichen Herausforderung? in: Materialdienst der EZW 4/2014, 125–135.

Thiede, Werner: Die Beschleunigungsgesellschaft. Wie digitales Tempodiktat dem Posthumanismus zuarbeitet, in: Materialdienst der EZW 5/2015, 164–172.

Thiede, Werner: Die digitale Religion, in: Sonntagsblatt (München) Nr. 8/2014, 4–6.

Thiede, Werner: Die digitalisierte Freiheit. Morgenröte einer technokratischen Ersatzreligion, Berlin ²2014.

Thiede, Werner: Digitaler Turmbau zu Babel. Der Technikwahn und seine Folgen, München 2015.

Thiede, Werner: Evangelische Kirche – Schiff ohne Kompass? Impulse für eine neue Kursbestimmung, Darmstadt 2017.

Thiede, Werner: Godspot, Gottspott. Kostenloses WLAN in Kirchen ist ein Irrweg, in: Zeitzeichen 7/2016, 23.

Thiede, Werner: In Strahlgewittern. Zunehmende WLAN-Dichte in der Schule gefährdet die Gesundheit, in: Zeitzeichen 6/2017, 17–19.

Thiede, Werner: Mythos Mobilfunk. Kritik der strahlenden Vernunft, München 2012.

Thiede, Werner: Nur noch strahlende Zählersysteme? Für Vorsorge und Rück-sichtnahme beim Messen von Elementargüterbezug, in: P. Ludwig (Hg.), Elek-trohypersensibilität. Gesellschaftliche Situation – Forschung und ärztliche Praxis – Recht auf Gesundheit, Schutz und Vorsorge, St. Ingbert 2018, 16–24.

Thiede, Werner: Zunehmende Digitalisierung als Beschleunigung der Gesell-schaft, in: Persönliche Mitteilungen des Pfarrerinnen- und Pfarrergebetsbunds Nr. 171, 2/2017, 23–31.

Tipler, Frank J.: Die Physik der Unsterblichkeit. Moderne Kosmologie, Gott und die Auferstehung der Toten, München 1994.

Vogt, Hermann: Todesangst prägt die Kultur mit. Entdeckungen amerikanischer Psychologen, in: Lutherische Monatshefte 29, 9/1990, 402–404.

Völker, Clara: Mobile Medien: Zur Genealogie des Mobilfunks und zur Ideengeschichte von Virtualität, Bielefeld 2010.

Weber, Karsten: Was vom Menschen übrig bleibt. Technologien der Gestaltung und Verbesserung des Menschen, in: Evangelium und Wissenschaft 37 (2016), 67–85.

Welzer, Harald: Die smarte Diktatur, Frankfurt a.M. ³2016.

Wernert, Manfred: Internetkriminalität. Grundlagenwissen, erste Maßnahmen und polizeiliche Ermittlungen, Stuttgart 2017.

Wurmser, Leon: Die zerbrochene Wirklichkeit, Berlin u.a. ²1993.

Zons, Raimar: Die Zeit des Menschen. Zur Kritik des Posthumanismus, Frankfurt a.M. 2001.

Autorenverzeichnis

Prof. Dr. theol. habil. Dipl.-Phys. Ulrich Beuttler, Pfarrer der württembergischen Landeskirche in Backnang und außerplanmäßiger Professor für Systematische Theologie der Universität Erlangen-Nürnberg sowie Lehrbeauftragter der Pädagogischen Hochschule Ludwigsburg, Röntgenstr. 9, D-71522 Backnang, e-mail: Ulrich.Beuttler@elkw.de.

Prof. Johanna Haberer, Professorin für Christliche Publizistik am Institut für Praktische Theologie der Universität Erlangen-Nürnberg, Kochstr. 6, D-91054 Erlangen.

Prof. Dr. phil. Elke Hemminger, Professorin für Soziologie am Fachbereich Soziale Arbeit, Bildung und Diakonie der Evangelischen Hochschule Rheinland-Westfalen-Lippe in Bochum, Immanuel-Kant-Str. 18–20, D-44803 Bochum.

Dr. theol. Christian Herrmann, Theologe und Bibliothekar, Fachreferat Theologie, Religionswissenschaft, Philosophie u.a., Leiter der Abt. Historische Sammlungen und der Sammlung Alte und Wertvolle Drucke sowie der Bibelsammlung der Württembergischen Landesbibliothek Stuttgart, Konrad-Adenauer-Str. 8, D-70173 Stuttgart.

Prof. Dr. theol. habil. Werner Thiede, Pfarrer i.R. der Evangelisch-Lutherischen Kirche in Bayern, Außerplanmäßiger Professor für Systematische Theologie der Universität Erlangen-Nürnberg und Publizist, www.werner-thiede.de.